AF452169

# NOUVEAUX GLOBES

## CÉLESTE ET TERRESTRE,

### d'un pied de diamètre.

*Le Céleste*, par M. *DE LA LANDE*, de *l'Académie Royale des Sciences de Paris*, *de celles de Berlin, de Londres, de Pétersbourg, &c.*

*Le Terrestre, par M. BONNE, Géographe ordinaire du Roi.*

# À PARIS,

Chez LATTRÉ, Graveur ordinaire du Roi, de Monseigneur le Duc d'Orléans & de la Ville de Paris, rue Saint Jacques, vis-à-vis la rue de la Parcheminerie.

## M. DCC. LXXV.

# PRÉFACE.

IL n'y a pas d'époque dans l'Histoire de l'Astronomie & de la Géographie, à laquelle on ait eu plus de raison que cette année de publier de nouveaux Globes, & le Public les attendoit depuis long-tems. La description de l'hémisphère austral, par M. l'Abbé de la Caille, avec quatorze nouvelles Constellations; & cinq ou six Voyages autour du Monde, faits depuis quelques années, ont changé la face de nos Globes, soit pour le Ciel, soit pour la Terre.

On trouvera sur notre Globe Céleste toutes les Etoiles du Catalogue Britannique de *Flamsteed*, jusqu'à la sixieme grandeur inclusivement; & toutes celles du *Cœlum Australe* de M. de la Caille, publié en 1763. Les premieres ont été placées par leurs longitudes & latitudes; les autres par leurs ascensions droites & déclinaisons. Elles ont toutes été calculées pour l'année 1800, à raison de la précession des Equinoxes dont la révolution est de 25972 ans.

Dans les Constellations méridionales on a rétabli le Chêne de Charles II. que M. de la Caille avoit supprimé; cette Constellation avoit été introduite par M. Halley en mémoire du Chêne Royal sur lequel se re-

a 2

tira le Roi Charles II. lorſqu'il eut été dé-
fait à Worceſter , le 3 Septembre 1651.
Voici ce qu'en raconte le célebre Humes ,
dans ſon Hiſtoire de la Maiſon des Stuard :
Le Roi s'étant échappé de Worceſter, à ſix
heures du ſoir, fit environ vingt-ſix milles
ſans s'arrêter, accompagné de cinquante ou
ſoixante de ſes plus fidèles amis. Enſuite ſa
ſûreté perſonnelle lui fit prendre le parti de
quitter ſes compagnons , ſans leur avoir
communiqué ſes deſſeins ; & ſe livrant à la
conduite du Comte de Derby , il ſe rendit
ſur les conſins de Staffordshire à Boſcabel,
Métairie écartée , dont un nommé Penderell
étoit le Fermier. Charles ne fit pas de diffi-
culté de s'ouvrir à lui. Cet homme avoit
des ſentiments fort au-deſſus de ſa condi-
tion. Quoique la peine de mort fût annon-
cée contre ceux qui donneroient une retraite
au Roi , & qu'on eût promis une groſſe ré-
compenſe à ceux qui le trahiroient , il pro-
mit & ſçut garder une fidélité inviolable.
Ses freres au nombre de quatre , & gens
d'honneur comme lui , prêterent leur aſſiſ-
tance. Ils firent prendre à Charles des ha-
bits tels que les leurs ; ils le menèrent dans
un Bois voiſin , & lui mettant une hache
dans la main , ils feignirent de l'employer
à faire leur proviſion de fagots. Pendant
quelques nuits , le Roi n'eut pour lit que
de la paille , & ſa nourriture fut celle qui

ſe trouvoit dans la Ferme. Pour ſe cacher mieux, il montoit ſur un grand Chêne, dont les feuilles & les branches lui ſervirent d'a-ſyle pendant vingt-quatre heures; il vit paſſer ſous ſes pieds pluſieurs Soldats, tous employés à chercher le Roi, & qui, la plu-part, témoignoient une extrême envie de le ſaiſir. Cet arbre reçut enſuite le nom de Chêne Royal, & fut regardé long-temps par tous les habitans du pays avec une ex-trême vénération.

On trouve auſſi dans le Journal des Sça-vants, du 23 Novembre 1676, l'extrait d'un Livre Anglois intitulé *Boſcabel*, du nom d'une des deux maiſons qui ſervirent de retraite à Charles II. Ce Livre a été traduit en Fran-çois; on y trouve la figure des deux mai-ſons, & celle de ce fameux Chêne qu'on re-gardoit comme un prodige, & qui étoit ſi gros & ſi touffu, que vingt hommes auroient pu s'y cacher.

M. l'Abbé de la Caille ſe plaignoit de ce que M. Halley avoit pris des Etoiles de la Conſtellation du Navire pour former la Conſtellation de ſon Protecteur; ( Voyez le Journal du Voyage de M. de la Caille, 1763, in-12.) mais le Monarque & l'Aſ-tronome méritoient que cette Conſtellation fût conſervée. M. de la Lande a repréſenté ſur ſon Globe ce même Chêne ſitué contre le Vaiſſeau, & paſſant ſur toutes les Etoiles

que M. Halley lui avoit affignées ; la prin-
cipale eft une Etoile de fecorde grandeur
qui avoit au commencement de 1678, 6ˢ
27° 2   de longitude , & 72° 16′ de latitude auftrale. Le Chêne s'étend depuis
6ˢ 13° jufqu'à 7ˢ 6° de longitude , &
depuis 51° jufqu'a 72° de latitude.

A l'occafion de la Comète de 1774, découverte dans une partie du Ciel où il y a
plufieur Etoiles qui n'avoient aucun nom
fur les Cartes. M. de la Lande a cru devoir
placer dans fon Globe Célefte une nouvelle
Conftellation fous le nom de Meffier , *Cuf-
tos Meffium.*

On appelle MESSIER , en François , celui
qui eft prépofé à la garde des moiffons ou
des tréfors de la terre. Ce nom femble na-
turellement fe lier avec celui de M. Meffier ,
notre plus infatigable Obfervateur , qui depuis vingt ans eft comme prépofé à la garde
du Ciel , & à la découverte des Comètes.
On a cru pouvoir raffembler fous le nom de
Meffier , les Etoiles fparfiles ou informes , fi-
tuées entre Caffiopée , Cephée & la Giraffe ,
c'eft - à - dire entre les Princes d'un Peuple
Agriculteur , & un Animal deftructeur des
Moiffons ; & cette nouvelle Conftellation
rappellera en même-temps au fouvenir & à
la reconnoiffance des Aftronomes à venir ,
le courage & le zèle de celui dont elle porte
le nom.

M. l'Abbé Boſcovich, auſſi célèbre par ſon talent pour la Poëſie latine que ſa ſupériorité & ſon génie dans les Mathématiques, voyant cette nouvelle Conſtellation écrivit au bas le diſtique ſuivant :

*Sidera, non Meſſes, Meſſerius iſte tuetur ;*
*Certè erat ille ſuo dignus in eſſe Polo.*

On trouve d'ailleurs ſur ce Globe des nébuleuſes obſervées par M. Meſſier, le contour de la Voie Lactée qu'il y a marqué avec plus de ſoin, & des Etoiles qu'il a déterminées le premier à l'occaſion de diverſes Comètes qu'il a obſervées.

M. Dagelet, Aſtronome habile, & déja connu avantageuſement, a vérifié les principales Etoiles, & corrigé les épreuves avec beaucoup de peine.

Dans la Deſcription ſuivante, M. Jeaurat a expliqué les principaux uſages des Globes. On les trouvera de même, & en plus grand nombre, dans L'ASTRONOMIE de M. de la Lande, en trois Volumes in-4. qui a paru en 1771, & dans l'*Abrégé* publié en 1774, à Paris, chez la Veuve Deſaint, rue du Foin. On trouvera dans ces deux Ouvrages la maniere de connoître les différentes Conſtellations, par des alignemens pris ſur les Etoiles les plus brillantes, & ſur celles qui ſont les plus remarquables par leurs configurations reſpectives.

On demande souvent aux Aftronomes la maniere de diftinguer les Planetes , Mercure , Vénus , Mars , Jupiter & Saturne, d'avec les Etoiles de la premiere grandeur ; nous croyons devoir avertir ici que la méthode la plus fimple & la plus sûre , eft de chercher leur longitude dans la *Connoiffance des Temps* que l'Académie des Sciences publie chaque année , ou dans les *Ephémérides* dont M. de la Lande a publié le feptieme Volume qui comprend dix années de 1775 à 1784 , à Paris , chez la Veuve Hériffant , rue Saint-Jacques. Il fuffit même d'avoir le *Calendrier de la Cour* , petit Almanach de poche , annciennement appellé *Colombat* ; M. de la Lande a foin d'y marquer au bas de chaque mois la longitude de ces cinq Planetes pour le premier & le feize du mois , par degrés & minutes de chaque figne. L'ordre & les caractères de ces douze Signes font expliqués au commencement du même Almanach auquel nous renvoyons les Amateurs.

Lorfqu'on aura appris par le moyen du Globe Célefte , à connoître les douze Signes du Zodiaque & les quatre Etoiles de premiere grandeur qui s'y rencontrent , *Aldebaran* , *Regulus* , *l'Epi de la Vierge* & *Antarès* , il fera aifé de diftinguer une Planete ; car il n'y a dans le contour du Zodiaque , aucune autre Etoile que fa lumiere

puiſſe faire confondre avec une des cinq
Planètes. Il ne s'agira plus que de ſçavoir
laquelle de ces Planètes on aura remarqué :
Saturne eſt d'une lumiere pâle & obſcure ;
Jupiter blanc & brillant ; Mars d'une lumiere rougeâtre ; Vénus éclatante & ſcin-
tillante ; Mercure eſt toujours très-près du
Soleil , & n'y paroît que peu de jours ;
ces caractères peuvent déja aider à en faire
la différence ; la durée de leurs révolutions
contribuera auſſi à les faire diſtinguer.

On a mis à chacune des Etoiles principales , les Lettres Grecques par leſquelles
les Aſtronomes ont coutume de les caracté-
riſer : c'eſt une choſe très - commode pour
l'intelligence de leurs Ouvrages , & qui
manquoit à tous les Globes qui ont paru
juſqu'ici.

On a beaucoup varié dans la maniere de
repréſenter les Figures Humaines ſur les
Cartes Céleſtes & ſur les Globes ; nous avons
ſuivi la forme de l'Atlas de Flamſteed , publié à Londres , & compoſé de vingt-ſix
Cartes les plus grandes & les plus eſtimées
qu'il y ait eu juſqu'à préſent. Elles ont un
tiers de plus que celles de Bayer ; mais nos
Figures ſont plus élégantes & plus correctes,
les Oiſeaux & les Poiſſons faits d'après les
meilleures Planches d'Hiſtoire Naturelle ,
& la plupart des objets repréſentés d'une maniere plus correcte,

Quant à la fituation des différentes Figures, nous croyons faire plaifir à nos Lecteurs en leur préfentant un Tableau de comparaifon entre les Figures Céleftes les plus eftimées.

La Conftellation d'Orion que Bayer repréfente tournée vers le Ciel, ou vers la Sphère, regarde au contraire le centre de la Sphère dans les Cartes d'Hevelius ; l'épaule orientale eft dans Bayer l'épaule gauche, dans Hevelius & Flamfteed l'épaule droite. *Rigel* ou , qui eft fur le pied droit dans Bayer, eft fur le pied gauche dans Hevelius & Flamfteed, enforte que dans l'un ce géant paroît à genoux en élevant le pied droit, dans les autres il femble montrer en élevant le pied gauche vers l'Occident ; dans Bayer il tient fa maffue élevée à l'Occident de la main gauche, dans Hevelius & Flamfteed il la tient de la main droite.

La grande Ourfe, dans Bayer & Flamfteed, a la tête tournée en dedans ; les Etoiles ι & κ font à fa patte gauche de devant dans Bayer, & à fa patte droite dans Flamfteed. Dans Hevelius elle a la tête tournée en dehors, & ces deux Etoiles font à la patte droite ; les Etoiles η & μ qui font à la patte droite de derriere dans Bayer & Flamfteed, font à la patte gauche dans Hevelius.

La petite Ourfe dans Bayer regarde auffi en dedans , elle a l'Etoile $\gamma$ à fa cuiffe droite de devant : dans Hevelius elle regarde en haut , & l'Etoile $\gamma$ eft à fa cuiffe gauche.

Cephée , dans Bayer , regarde en haut , monte du pied droit , étend le bras gauche couvert de fon manteau , il a l'Etoile $\alpha$ fur l'épaule gauche , & le pied gauche fur la petite Ourfe. Dans Hevelius & Flamfteed il regarde en bas , il a l'Etoile $\alpha$ fur l'épaule droite , & le pied droit fur la petite Ourfe.

Le Bouvier dans Bayer , Flamfteed & Hevelius , regarde également vers le centre , ayant  fur fon épaule droite & $\gamma$ fur fon épaule gauche ; mais dans Bayer il a dans fa main gauche une faucille & l'Etoile $\theta$ , au lieu que dans Hevelius & Flamfteed , il tient la laiffe des deux chiens Aftérion & Chara , de la main gauche.

Le Cygne dans Bayer a l'aile gauche $\delta$ au Nord ; dans Hevelius & Flamfteed , c'eft l'aile droite.

Le Cocher eft tourné vers le Ciel dans Bayer , l'Etoile la plus méridionale $\gamma$ eft au pied gauche , & la Chèvre $\alpha$ vers l'épaule droite , il tient le fouet de la main gauche ; c'eft le contraire dans Hevelius & Flamfteed , qui ont mis la Chèvre & les Chevreaux fur le bras gauche.

Caſſiopée dans Bayer regarde en bas, elle a l'Etoile ω au bras gauche méridional; dans Hevelius elle regarde en haut, & l'Etoile ω eſt au bras droit.

Perſée dans Bayer regarde en haut, lève ſon épée de la main gauche; dans Hevelius & Flamſteed il regarde en bas, & lève ſon épée de la main droite; cette convenance eſt une des raiſons qui dûrent déterminer Hevelius à faire ces inverſions. Dans Bayer il lève le pied gauche à l'Orient, & il a l'Etoile ζ au pied droit vers le Midi, dans Hevelius & Flamſteed il lève le pied droit à l'Orient, & l'Etoile ζ eſt au pied gauche.

Le Sagittaire eſt dans le même cas : il tire ſa flèche de la main gauche dans les figures de Bayer; mais dans Hevelius il tire de la main droite, & les Etoiles α & β ſont à la jambe gauche, au lieu d'être à la droite; dans l'une & dans l'autre la figure paroît tournée vers le Ciel.

Il n'en eſt pas de même du Centaure : dans Bayer il regarde en haut, mais le principal effort de ſon javelot paroît venir de la main droite, au lieu que dans Hevelius la main gauche eſt la plus en action. La belle Etoile α, qui dans Bayer eſt ſur le pied gauche, eſt dans Hevelius ſur le pied droit.

Le Serpentaire dans Bayer eſt tourné vers

le Ciel & regarde la queue du Serpent ; son pied gauche defcend au - deffous de l'Ecliptique , c'eft celui où eft l'Etoile θ. Dans Hevelius il regarde le centre , la tête tournée à l'Occident vers la tête du Serpent ; c'eft le pied droit qui eft le plus méridional.

Hercule dans Bayer eft tourné vers le haut, il tient fa maffue de la main gauche vers l'Occident ; mais dans Hevelius il eft tourné vers le bas, & tient fa maffue à l'Occident , mais de la main droite.

Les Etoiles du Dragon & celles du Dauphin , qui dans Bayer font à la partie gauche de fa tête , font à la droite dans Hevelius.

La Lyre eft placée dans les deux Cartes fur la poitrine du Vautour ; mais il a la belle Etoile α vers fon aile gauche dans Bayer , & vers l'aile droite dans Hevelius où le Vautour regarde vers le Ciel.

L'Aigle dans Bayer a l'Etoile γ vers fon aile droite , & β à l'aile gauche ; c'eft le contraire dans Hevelius.

Antinoüs a l'Etoile ε à fa main droite vers l'Orient dans Bayer ; mais dans Hevelius c'eft à la gauche , & il regarde vers le Ciel.

Dans le Carré de Pégafe , l'Etoile γ , qui eft la plus méridionale , eft à l'aile gauche dans Bayer, à l'aile droite dans Hevelius.

Andromède regarde vers le centre dans les Cartes de Bayer, ainsi que dans celles de Hevelius & de Flamſteed. L'Etoile ζ la plus méridionale eſt à ſon bras gauche, les Etoiles les plus boréales à ſon bras droit, & l'Etoile γ à ſa jambe gauche.

Le Bélier regarde en bas dans Bayer & Flamſteed, l'Etoile α eſt à ſa corne droite; c'eſt le contraire dans Hevelius.

Le Taureau eſt dans le même cas, l'étoile β qui eſt à la corne gauche dans Bayer & Flamſteed, eſt à la droite dans Hevelius.

Les Gémaux regardent vers le bas dans les trois figures, celui qui a la droite a auſſi l'Etoile β la plus Orientale des deux têtes; mais l'ordre des pieds droits & gauches eſt différent.

Le Lion a toutes les Etoiles ſur ſon côté droit dans la figure de Bayer, & ſur ſon côté gauche dans celle de Hevelius La jambe la plus Orientale où ſont les Etoiles ν & υ, eſt la droite dans Bayer & Flamſteed, la gauche dans Hevelius.

La Vierge regarde vers le centre dans les trois figures, l'aile auſtrale β eſt la gauche, & le pied boréal μ eſt le pied droit.

Le Verſeau regarde vers le Ciel dans Bayer, il tient l'urne dans ſa main gauche, l'Etoile β eſt à ſon épaule droite, & δ à ſa jambe gauche; dans Hevelius & Flamſteed il regarde vers le centre, β eſt à ſon épaule gauche, δ à sa jambe droite, & il tient l'urne du bras droit.

La Baleine a toutes ses Etoiles sur son côté gauche dans Bayer, & sur son côté droit dans Hevelius.

C'est le contraire pour les Etoiles du grand Chien, qui est tourné vers l'Occident, au lieu que la Baleine regarde vers l'Orient. Cependant l'Etoile ʌ, qui est au pied droit postérieur dans Bayer, est également au pied droit dans Hevelius qui a changé l'attitude du grand Chien.

Tout ce détail fait voir combien l'usage des Lettres par lesquelles nous désignons les Etoiles, est préférable aux dénominations des parties, qui dépendent trop de la maniere dont on forme les figures des différentes Constellations. Aussi les Figures d'Hevelius, où les Lettres Grecques de Bayer ne sont point employées, sont moins commodes & moins recherchées que celles de Bayer dont il y a eu plusieurs éditions, & que l'on a imitées dans presque toutes les Figures qui ont été gravées depuis un siècle.

En effet, dans l'*Uranographie Britannique*, gravée en Angleterre, vers 1750, par les soins du Docteur Bevis, mais qui n'est point encore publiée ni finie, on a suivi exactement les Figures de Bayer ; on a seulement réduit les positions des Etoiles à notre temps, & l'on y en a mis un plus grand nombre que dans les Cartes de Bayer.

La projection de ces Cartes Angloises, est telle que tous les parallèles à l'Ecliptique y sont représentés par des lignes parallèles & également éloignées; comme dans les Cartes de Flamsteed , les parallèles à l'Equateur. Celles - ci sont plus commodes pour les Observations, les autres pour les Calculs des Planètes que l'on rapporte à l'Ecliptique.

## PRIX DES GLOBES.

Les Globes & Sphères , d'un pied de diamètre, montures ordinaires,     60 liv. piece.

Idem , fur des pieds a colonnes en gaîne , variées de couleurs avec une Caffolette renfermant une Bouffole ,     75 l. piece.

Idem , pieds en gaînes cannelées, avec Méridien en cuivre & Bouffole,     120 l. piece.

Idem , fur des pieds en guéridon d'un bon goût , fervant à la décoration fans être embarraffants ; les mêmes pieds à crémayer Ces pieds peuvent être dorés, en noyer ou peints.

Ces Globes réduits à huit pouces, ainfi que les Sphères, font de     12 l piece.

Réduits à fix pouces , ainfi que les Sphères,     8 l. piece.

L'Atlas moderne fuivant la Géographie de feu M. l'Abbé Nicole de la Croix, en 78 Cartes, annoncé dans ladite Géographie.

## DESCRIPTION

# DESCRIPTION
## *DE LA SPHERE,*

EXPOSITION DES

DIFFÉRENS SYSTESMES DU MONDE,

ET USAGE

## *DES GLOBES CÉLESTES*
### *ET TERRESTRES*

*Qui se vendent à Paris, chez le Sr LATTRÉ, Graveur, rue S. Jacques.*

---

### AVERTISSEMENT.

L'OBJET qu'on s'est proposé ici est la Description des principaux usages qu'on peut faire des Globes Célestes & Terrestres ; & afin d'y parvenir avec plus de succès, nous avons commencé par définir les termes les plus usités, & par exposer les différens Systêmes du Monde imaginés par les plus célebres Philosophes :

A

delà nous sommes passés à la description de la Sphere, & de ses différentes positions à l'égard des différens pays.

Nous avons terminé cette Brochure par la description succinte des principaux Problémes qu'on peut résoudre sur le Globe Céleste & sur le Terrestre.

M. *de la Lande* a marqué sur notre Globe Céleste d'un pied de diametre, 4311 Etoiles, suivant leurs longitudes & latitudes réduites à l'année 1800.

M. *Bonne* a employé pour le Terrestre, de pareil diametre, les nouvelles déterminations géographiques déduites des plus récentes observations.

La célébrité de ces deux Auteurs est assez connue pour nous assurer que ces deux Globes répondront à l'attente du Public.

Nous en donnons les réductions sur les diametres de 8 & de 6 pouces, avec les Spheres de Ptolemée & de Copernic pour chaque diametre.

# DÉFINITIONS DES TERMES
## de la Sphere.

ORBE *Orbite*, c'eſt le cercle ou la courbe qu'une Planete décrit.

*Sphere, en Aſtronomie*, eſt l'étendue concave qui entoure notre Globe, & auquel les corps céleſtes, le Soleil, les Etoiles, les Planetes & les Cometes ſemblent être attachés.

*Sphere, en Géographie*, eſt une certaine diſpoſition de cercles ſur la ſurface de la terre, dont la plupart gardent toujours entr'eux la même ſituation, mais différemment diſpoſés à l'égard des différens points de la ſurface de notre Globe.

*Sphere Armillaire*, ou artificielle, eſt un inſtrument aſtronomique qui repréſente les différens cercles de la Sphere dans leur ordre naturel, & qui ſert à donner une idée de l'uſage & de la poſition de chacun d'eux, & à réſoudre différens problèmes qui y ont rapport.

*Globe*, en terme de Géométrie, eſt un corps rond ou ſphérique appellé plus communément Sphere.

*Globe Aſtronomique & Géographique*, ou Globe Céleſte & Globe Terreſtre, ſont deux inſtrumens de Mathématique, dont le premier ſert à repréſenter la ſurface concave du

Ciel avec ſes conſtellations ; & le ſecond, la ſurface de la Terre, avec les mers, les iſles, les rivieres, les lacs, les villes, &c. : ſur l'un & ſur l'autre l'on trouve décrites pluſieurs circonférences de cercles qui répondent à des cercles que les Aſtronomes ont imaginés, pour pouvoir rendre raiſon du méchaniſme de l'univers.

L'on diſtingue dix principaux cercles ; ſçavoir ſix grands & quatre petits ; les premiers ſont l'équateur, le méridien, l'écliptique, le colure des ſolſtices, le colure des équinoxes, & l'horizon ; les ſeconds ſont les tropiques du Cancer & du Capricorne, & les deux cercles polaires : ces différens cercles ſeront définis ci-après.

*Hypothèſe*, eſt une ſuppoſition que l'on fait pour en tirer une conſéquence qui établit la vérité ou la fauſſeté d'une propoſition.

*Syſtême*, en général, eſt un aſſemblage ou un enchaînement de principes & de concluſions, ou bien encore, le tout & l'enſemble d'une théorie dont les différentes parties ſont liées entre elles, ſe ſuivent & dépendent les unes des autres.

*Syſtême*, en terme d'Aſtronomie, eſt la ſuppoſition d'un certain arrangement des différentes parties qui compoſent l'univers, d'après laquelle hypotheſe les Aſtronomes expliquent tous les phénomenes ou apparences des corps céleſtes.

*Pole*, eſt l'extrêmité de l'axe ſur lequel la

Sphere du monde eſt cenſée faire ſa révolution ; ou ſur notre Globe, l'un des deux
points par leſquels paſſe l'axe du monde :
l'un s'appelle Pole Boréal ou Septentrional,
& l'autre s'appelle Pole Auſtral ou Méridional.

*Equateur*, eſt un grand cercle de la Sphere,
qui eſt également éloigné des deux poles du
monde, ou dont les poles ſont les mêmes que
ceux du monde.

*Ecliptique*, eſt le cercle ſur la ſurface de
la Sphere du monde que le centre du Soleil
paroît décrire par ſon mouvement propre ;
ou bien, c'eſt l'orbe ou la courbe que le
Soleil ſemble décrire dans ſa période an-
nuelle. Ce cercle ſe diviſe, ſuivant l'uſage
des Aſtronomes, en douze parties égales,
qu'on appelle Signes du Belier, du Taureau, des Gémeaux, de l'Ecreviſſe, du
Lion, de la Vierge, de la Balance, du
Scorpion, du Sagittaire, du Capricorne, du
Verſeau, & des Poiſſons. Chacun de ces
douze ſignes contient 30 degrés.

*Points équinoxiaux*, ſont ceux où l'écliptique coupe l'équateur, & parconſéquent
ceux auxquels le Soleil entre dans l'équateur ;
l'un de ces points eſt appellé point d'*Aries*,
ou équinoxe du Printemps ; & l'autre eſt appellé point de la Balance, ou équinoxe de
l'Automne.

*Points Solſticiaux*, ſont ceux où le Soleil
eſt à ſa plus grande diſtance de l'équateur ;

cette diftance eft d'environ 23 degrés $\frac{1}{2}$.
L'un des deux points eft appellé folftice d'été,
qui répond au figne de l'Ecreviffe, & l'autre
eft appellé folftice d'hiver, qui répond au figne
du Capricorne.

*Horizon*, eft un grand cercle de la Sphere
qui la divife en deux parties ou hémifpheres,
dont l'une eft fupérieure & vifible, & l'autre eft
inférieure & invifible.

*Zénith*, eft le point vertical ou le point
du Ciel qui eft directement fur notre tête.
La ligne tirée de nous à ce point, eft appellée
ligne verticale : elle eft néceffairement perpendiculaire à l'horizon ; c'eft par le Zénith
que paffent tous les cercles verticaux, &
où aboutiffent auffi tous les angles azimutaux.

*Nadir*, eft le point du Ciel immédiatement
oppofé au zénith, il eft dans la ligne tirée
de nos pieds par le centre de la Terre, &
eft terminé à l'hémifphere oppofé au nôtre.

*Méridien*, eft un grand cercle de la Sphere
qui paffe par le zénith, par le nadir & par
les poles du monde ; il divife la Sphere du
monde en deux hémifpheres, l'un oriental,
& l'autre occidental ; fçavoir, l'un au
levant ou à l'eft, & l'autre au couchant ou
à l'oueft.

*Colures*, font deux grands cercles que l'on
fuppofe s'entrecouper à angles droits aux
poles du monde ; l'un paffe par les points
équinoxiaux, ce qui fait qu'on l'appelle Colure des équinoxes ; & l'autre par les points

folfticiaux ; ce qui fait qu'on l'appelle Colure des folftices.

*Tropiques*, font deux petits cercles paralleles à l'équateur, que le Soleil atteint quand il eft dans fa plus grande déclinaifon, foit du côté du pole boréal, foit du côté du pole auftral.

*Cercles polaires*, font deux petits cercles paralleles à l'équateur, éloignés de 23 degrés $\frac{1}{2}$ de chaque pole ; on en fait ufage pour marquer le commencement des zones froides.

*Crépufcule*, eft le temps qui s'écoule depuis le premier point du jour jufqu'au lever du Soleil, & depuis le coucher du Soleil jufqu'à la nuit clofe : on fuppofe ordinairement que le Crépufcule commence & finit quand le Soleil eft à dix-huit degrés au deffous de l'horizon : fa durée eft plus longue dans les folftices que dans les équinoxes.

*Rotation*, eft la révolution d'un plan ou d'une planete autour d'une ligne immobile, qu'on appelle axe de rotation.

*Satellites*, font les planetes fecondaires qui fe meuvent autour d'une planete premiere, comme la Lune à l'égard de la Terre. On les appelle ainfi, parce que ces planetes accompagnent toujours leur planete premiere, & font avec elle leurs révolutions autour du Soleil.

*Antœciens*, font les peuples qui font dans des hémifpheres oppofés, c'eft-à-dire, les

uns dans l'hémisphere septentrional, &
les autres dans l'hémisphere méridional,
mais qui ont pareille latitude & pareille
longitude, & par conséquent différens poles.

*Periæciens*, sont les Peuples d'un même
hémisphere, qui ont pareille latitude, mais
opposés de méridien ou de longitude.

*Antipodes*, sont ceux qui sont diamétrale-
ment opposés en longitude & en latitude.

*Climats*, sont de petites zones ou de cer-
tains espaces de la surface de la Terre,
terminés par des cercles imaginaires, qui
sont paralleles à l'équateur, & dont la latitude est telle du midi au septentrion, que la
longueur du jour artificiel dans l'un, surpasse
celle de l'autre d'une demi-heure.

*Heures Babyloniennes*, sont celles qui sont
comptées depuis le lever du Soleil jusqu'au
lever suivant.

*Heures Italiennes*, sont celles qui sont
comptées depuis le coucher du Soleil jusqu'au
Soleil couché du jour suivant.

*Heures Judaïques*, sont celles qui partagent
le jour & la nuit en douze parties égales;
ainsi, excepté les lieux placés précisément
sous l'équateur, les heures du jour & de la
nuit sont inégales, si ce n'est le jour de
l'équinoxe du Printemps, & celui de l'équinoxe de l'Automne.

## Expofition abrégée des différens Systêmes du Monde.

ON compte en Aftronomie trois fyftêmes principaux, fur lefquels les plus grands philofophes ont été partagés ; fçavoir, le fyftême de *Ptolomée*, celui de *Copernic*, & celui de *Tycho-Brahé*.

*Le fyftême de Ptolomée* place la Terre immobile au centre de l'univers, & fait tourner le Ciel autour de la Terre, d'orient en occident ; de forte que tous les corps céleftes, étoiles & planetes, fuivent ce mouvement, indépendamment d'un autre mouvement qui leur eft particulier, & qu'on appelle mouvement propre. Quant à l'ordre des diftances de ces aftres à l'égard de la Terre, voici leur arrangement :

D'abord la Lune, enfuite Venus, puis Mercure, le Soleil, Mars, Jupiter & Saturne : tous ces aftres, felon Ptolomée, tournent autour de la Terre en vingt-quatre heures, & ont, outre cela, un mouvement particulier par lequel ils achevent leurs révolutions particulieres.

Les principaux partifans de ce fyftême font, Ariftote, Hipparque, Ptolomée, & un grand nombre d'anciens philofophes que tout l'univers a fuivi pendant plufieurs fiecles, & que fuivent encore plufieurs Uni-

verfités : mais les obfervations des derniers
temps ont entiérement détruit ce fyftème.

*Le fyftéme de Copernic* place le Soleil immobile au centre de l'univers, fi ce n'eft
qu'il donne au Soleil un mouvement de rotation autour de fon axe ; autour de lui
tournent d'occident en orient & dans différentes orbites, *Mercure*, *Venus*, *la Terre*,
*Mars*, *Jupiter* & *Saturne*.

La Lune tourne dans une orbite particuliere autour de la terre, & elle l'accom-
pagne dans tout le cercle qu'elle décrit autour du Soleil.

Quatre fatellites tournent de même autour de Jupiter, & cinq autour de Saturne ;
puis à une diftance immenfe, audelà de la
région des planetes & des cometes, font les
étoiles fixes, diftribuées comme on le voit
fur le Globe Célefte. Ce fyftéme eft le plus
ancien : c'eft le premier qui ait été intro-
duit par Pytagore en Grece & en Italie, où
il a été appellé pendant plufieurs fiecles, le
fyftème *Pytagorien* : il fut fuivi par Philaüs,
Platon, Archimede, &c. Il fe perdit enfuite;
mais enfin il fut remis en vigueur, heureu-
fement, il y a plus de deux cens ans, par
Nicolas Copernic, dont il porte aujourd'hui
le nom.

*Le fyftéme de Tycho-Brahé* revient, à plufieurs égards, à celui de Copernic ; mais
dans celui de Tycho-Brahé, l'on fuppofe la
terre immobile : on fupprime fon orbite,

que l'on remplace par l'orbite du Soleil qui
tourne autour de la terre , tandis que toutes
les autres planetes , excepté la Lune & les
Satellites , tournent autour de lui : mais la
loi découverte par Képler dans le mouvement des planetes , & expliquée par le célebre Newton , fournit une démonſtration
directe & complette contre le ſyſtême de
Tycho-Brahé.

---

## DE LA SPHERE ARMILLAIRE,

*Et de ſa poſition à l'égard des différens pays.*

IL y a deux ſortes de Sphere Armillaire,
ſelon l'endroit où la Terre y eſt placée ;
c'eſt pourquoi on les diſtingue en *Sphere
de Ptolomée & Sphere de Copernic*. Dans la
premiere , la Terre occupe le centre ; &
dans la derniere , elle eſt ſur la circonfé-
rence d'un cercle dont le Soleil eſt au centre.

*La Sphere de Ptolomée* eſt celle dont on
ſe ſert communément , parce qu'elle repréſente l'aſpect des aſtres tels qu'ils nous pa-
roiſſent à la vue ; & tous les problêmes qui
ont rapport aux phénomenes du Soleil &
de la Terre , peuvent ſe réſoudre , au moyen
de cette Sphere , à peu près comme on le
feroit par le moyen du Globe céleſte. Et
comme il n'en eſt pas de même de la Sphere
de Copernic , & que par cette raiſon , on
n'en fait que rarement uſage , on n'en fera

A vj

pas mention ici : il ne fera donc queſtion que de la Sphere de Ptolomée.

Les cercles que l'on concevoit originairement ſur la ſurface de la Sphere du monde, ont été, pour la plus grande partie, transférés par analogie à la ſurface de la terre, où on les conçoit tracés directement ſous ceux de la Sphere, & dans les mêmes plans ; de maniere que ſi les plans des cercles de la terre étoient continués juſqu'à la Sphere, ils co-incideroient avec les cercles reſpectifs qui y ſont placés : c'eſt ainſi que nous avons ſur la terre un horizon, un méridien, un équateur, &c.

Comme l'équateur qui eſt dans le Ciel diviſe la Sphere en deux parties égales, l'une boréale & l'autre auſtrale ; de même auſſi l'équateur qui eſt ſur le Globe terreſtre, la diviſe en deux parties égales ; & comme les méridiens qui ſont dans la Sphere paſſent par les poles du monde, il en eſt de même de ceux qui ſont ſur le Globe terreſtre.

Toute la Sphere ou Globe terreſtre, pouvant amener tour à tour tous ſes points ſous le méridien, & le méridien pouvant hauſſer ou baiſſer l'axe du monde, en gliſſant dans les entailles de l'horizon ; il ſuit delà qu'avec un Globe terreſtre on peut repréſenter les aſpects du ciel à l'égard de tous les peuples de la terre, qu'on peut meſurer les diſtances des lieux, qu'on peut connoître la durée des nuits & des jours pour tel lieu qu'on juge à propos, qu'on peut détermi-ner le moment du lever & du coucher du Soleil ; en un mot, qu'on peut réfoudre toutes les queftions qui regardent la difpo-fition des lieux, tant entr'eux fur le Globe, qu'à l'égard du Soleil & de tout le ciel. Nous allons donc expofer ici les circonftan-ces particulieres des peuples qui ont la Sphere droite, ou parallele, ou oblique.

*La Sphere droite*, eft celle dans laquelle l'équateur coupe l'horizon du lieu à angles droits.

Dans cette fituation, l'équateur & tous les cercles qui lui font paralleles, coupent l'horizon fans s'incliner plus d'un côté que de l'autre : alors les jours font égaux aux nuits durant toute l'année. A l'égard du crépufcule, il eft plus court pour ces peu-ples que pour les autres, parce que le So-leil defcendant toujours fuivant une direction verticale, s'éloigne ou s'approche plus vîte de l'horizon que s'il plongeoit ou remontoit obliquement à l'horizon.

Dans la Sphere droite, le Soleil paffe deux fois l'année par le Zénith ; fçavoir le 20 Mars & le 23 Septembre, jours auxquels le Soleil décrit l'équateur ; ce qui forme com-me deux étés & deux printemps. Quant à l'hiver, il ne peut y en avoir, puifque le Soleil lance prefque toujours fes rayons per-pendiculairement. C'eft, en effet, ce qui a lieu pour ceux qui habitent fous l'équateur ou ligne équinoxiale, comme à Quito, dans l'Amérique méridionale : là, les deux poles font toujours dans l'horizon.

*La Sphere parallele*, eſt celle dans laquelle l'équateur eſt parallele à l'horizon ; & il n'y a ſur la Terre que deux points où elle ait lieu ; ſçavoir, les deux poles qui vraiſemblablement ſont inhabités & inhabitables. Alors le Soleil eſt ſix mois en deça de l'équateur, vers le pole oppoſé, & ſix autres mois ſur l'horizon ; ce qui fait que l'année y eſt compoſée d'un jour & d'une nuit, tous deux de ſix mois. Quant au crépuſcule, il commence environ cinquante-deux jours avant que le Soleil arrive a l'équateur, & paroiſſe ſur l'horizon, & il ne ceſſe que cinquante-trois jours après la diſparition totale du diſque du Soleil.

Dans la Sphere parallele, les étoiles ne ſe couchent jamais ; une des moitiés du ciel eſt toujours viſible, & l'autre moitié inviſible. Ainſi les étoiles de l'hémiſphere ſupérieur tournent ſans ceſſe au deſſus de l'horizon, & celles de l'hémiſphere inférieur, qu'on ne peut jamais voir, tournent également toujours au deſſous de l'horizon.

*La Sphere oblique*, eſt celle des pays de la terre qui ne ſont ſitués ni ſous l'équateur, ni ſous les poles, tant dans l'hémiſphere boréal, que dans l'hémiſphere auſtral ; telle eſt la poſition dans laquelle nous ſommes :

( 15 )

dans ce cas , l'horizon & l'équateur fe coupent obliquement, faifant un angle aigu
d'un côté , & un angle obtus de l'autre ; ce
qui fait que les révolutions diurnes de la
Sphere fe font à angles obliques avec l'horizon : l'un des poles du monde étant toujours élevé au deffus de l'horizon , & l'autre
étant perpétuellement au deffous , & précifément d'une quantité égale à celle dont
l'autre eft au deffus : conféquemment le
Zénith de ces peuples eft hors de l'équateur ,
entre l'équateur & le pole élevé ; pareille-
ment , le Nadir de ces peuples eft hors de
l'équateur, entre l'équateur & le pole abaif-
fé : telle eft notre pofition.

Dans la Sphere oblique , le jour n'eft égal
à la nuit que le 20 Mars & le 23 Septembre , jours des équinoxes ; & pour tous les
autres jours de l'année , la durée du jour eft
toujours plus ou moins grande que celle de
la nuit.

---

# USAGE

## DU GLOBE CÉLESTE.

L'usage de cet inftrument eft des plus éten-
dus pour réfoudre un grand nombre de queftions. Voici celles auxquelles on a cru devoir fe borner : elles font au nombre de
neuf.

## PROBLÊME PREMIER.

*On demande l'heure du lever & du coucher du Soleil, sa hauteur méridienne, le commencement & la fin du Crépuscule, & son amplitude ortive & occase, &c., pour un jour quelconque de l'année, d'un lieu donné.*

Suppofons que Paris eft le lieu donné, dont la latitude eft 49 degrés environ, & que l'on veuille fçavoir pour le 20 Janvier l'heure du lever & du coucher du Soleil ; 1°. il faut tourner le méridien, fans le fortir de fes entailles ni de fon fuppor, & de maniere que le pole foit élevé de 49 degrés au deffus de l'horizon, c'eft-à-dire, qu'il y ait 49 degrés depuis le pole jufqu'à l'horizon, ou que le 49e degré foit dans l'horizon ; 2°. il faut chercher quel eft le degré de l'écliptique où le Soleil eft ce jour-là : fes degrés font marqués fur le cercle de l'horizon ; dans le cas propofé, l'on trouve que c'eft le premier degré du Verfeau qui répond au 20 Janvier ; 3°. l'on place dans le méridien le degré trouvé, c'eft-à-dire, le degré de l'écliptique où eft le Soleil ; on met fur midi l'aiguille polaire, qui, étant placée fur l'axe à frottement dur, peut être mife & arrêtée où l'on veut ; 4°. on tourne le Globe du côté de l'orient, jufqu'à ce que le degré du jour donné, ou le premier degré du Verfeau foit dans l'horizon ; dans ce cas, l'aiguille polaire marque 7 heures $\frac{1}{2}$ ;

ce qui apprend que le Soleil se leve à 7 heures $\frac{1}{2}$ ; puis tournant le Globe vers le couchant, jusqu'à ce que le même degré de l'écliptique où est supposé le Soleil, arrive dans l'horizon, on verra que l'aiguille polaire qui tourne avec son axe, marque 4 heures $\frac{1}{2}$ ; ce qui apprend que le Soleil se couche ce jour-là à 4 heures $\frac{1}{2}$.

Par une opération inverse, l'on connoîtra quelle est la latitude d'un pays, si l'on sçait à quelle heure le Soleil s'y couche à un certain jour de l'année : c'est ainsi que nous jugeons que l'ancienne Babylone étoit à 36 degrés de latitude, parce que nous sçavons que le Soleil s'y couchoit à 4 heures 48 minutes, vers le temps des solstices d'hiver ; le Soleil ayant neuf signes de longitudes, ou, ce qui revient au même, étant à zéro degré du signe du Capricorne.

Si ayant amené sous le méridien le point de l'écliptique, où le Soleil est censé être à midi, & si on remarque alors sur le méridien même quel est le nombre de degrés compris entre ce point de l'écliptique & l'horizon ; on trouvera dans cet exemple que le Soleil a une hauteur méridienne de 21 degrés.

Dans cette même disposition du Globe, c'est-à-dire, le point de l'écliptique où le Soleil est censé être, étant précisément sous le méridien, le nombre des degrés de

ce méridien, mais compris entre l'équateur & le point de l'écliptique, sera la déclinaison du Soleil. Dans l'exemple proposé, elle est australe & de 20 degrés environ.

Si dans le cas du lever & du coucher du Soleil, où on a placé à l'horizon le point de l'écliptique où est le Soleil, on remarque, sur l'horizon même, la position du point où le Soleil se leve & où il se couche à l'égard du vrai orient ou du vrai occident, on aura pour l'heure du lever, l'amplitude ortive, & pour l'heure du coucher, l'amplitude occase demandée : dans l'exemple proposé, ces amplitudes sont l'une comme l'autre de 31 degrés vers le Sud.

Enfin l'aiguille polaire marquera aussi l'heure du commencement & de la fin du crépuscule, si au lieu d'amener à l'horizon le point de l'écliptique où le Soleil est ce jour-là, on l'amene du côté de l'orient & ensuite du côté de l'occident, à 18 degrés au dessous de l'horizon : dans l'exemple proposé, le crépuscule arrive le 20 Janvier, à 5 heures $\frac{1}{4}$ du matin, & la fin à 6 heures $\frac{1}{4}$ du soir.

## PROBLÊME II.

*Trouver quels sont les deux jours de l'année où le Soleil se leve à une même heure, excepté le cas où le Soleil est dans les tropiques.*

Soit, par exemple, supposé le cas où le

(19)

Soleil ſe leve à 7 heures du matin, ſous la
latitude de Paris 49°.

On placera, comme ci-devant, le Globe
à la hauteur du pole 49 degrés : on con-
duira ſous le méridien un des coulures, &
l'on mettra l'aiguille polaire ſur midi ; on
tournera enſuite le Globe vers l'orient, juſqu'à ce que l'aiguille ſoit ſur 7 heures, &
l'on marquera le point où le coulure coupe l'horizon : puis on trouvera ſur le méridien que cette déclinaiſon eſt environ de
13 degrés méridionale. Alors on remar-
quera ce point du méridien ; & faiſant tourner le Globe, on verra deux points de l'écliptique paſſer au même point du méridien,
leſquels feront les deux points cherchés, qui
ſe trouveront être le 5ᵉ degré du Scorpion,
& le 25ᵉ du Verſeau ; ce qui répond au 28
Octobre & au 14 Février, qui ſont les deux
jours demandés.

## Problême III.

*Trouver l'aſcenſion droite, & la déclinaiſon d'une
Etoile repréſentée ſur la ſurface du Globe.*

Portez l'étoile ſous le méridien immobile,
où ſont marqués les degrés ; le nombre de
degrés de ce méridien, compris entre l'é-
quateur & l'étoile, donne directement ſa
déclinaiſon, qu'on appelle déclinaiſon boréale, ſi l'étoile eſt à l'égard de l'équateur du
côté du pole boréal ; & déclinaiſon auſtrale,
ſi, au contraire, l'étoile eſt du côté du pole
auſtral.

L'étoile étant ainsi sous le méridien , le point de l'équateur qui lui correspondra sous ce même méridien , marquera , d'occident en orient , l'ascension droite , comptée du point du Bélier ou équinoxe du printemps.

## PROBLÊME IV.

*Trouver l'heure du lever , l'heure du passage au méridien , & l'heure du coucher d'une Etoile pour un lieu donné.*

Placez , comme il a été dit Problême I, le Globe à la hauteur du pole du lieu donné ; placez ensuite le point de l'écliptique où est le Soleil ce-jour là , sous le méridien , & mettez aussi l'aiguille polaire sur midi , puis tournez le Globe de maniere ,

1°. Que l'étoile soit à l'horizon du côté de l'orient ; 2°. Que l'étoile soit sous le méridien immobile ; 3°. Que l'étoile soit à l'occident : l'aiguille polaire marquera dans le premier cas l'heure du lever de l'étoile ; dans le second cas , l'heure de son passage au méridien ; & dans le troisieme cas , l'heure de son coucher.

Si dans le cas du passage de l'étoile au méridien on compte sur le méridien le nombre de degrés compris entre l'étoile & l'horizon , on aura la hauteur de l'étoile pour l'heure de son passage au méridien ; & si dans le cas du lever & du coucher de l'étoile on remarque sur l'horizon du côté de l'orient & du côté de l'occident , quel est

( 21 )

l'arc compris entre l'étoile & le point du vrai orient & du vrai occident, on aura l'amplitude ortive, & l'amplitude occafe de l'étoile.

### PROBLÊME V.

*Trouver le jour du coucher héliaque d'une Etoile de la premiere grandeur, c'eft-à-dire, le jour où l'Etoile ceffera de paroître le foir après le coucher du Soleil.*

Le Globe ayant été mis à la hauteur du pole, tournez-le jufqu'à ce que l'étoile dont on demande le coucher héliaque foit à l'horizon, du côté du couchant; puis examinant quel eft le point de l'écliptique fitué verticalement 10 degrés au deffus de l'horizon, vous connoîtrez celui où le Soleil doit être ce jour-là; alors cherchant quel eft ce jour, vous aurez le jour où la difparition aura lieu.

C'eft ainfi que *Sirius* peut s'appercevoir du côté du couchant, le Soleil étant à 10 ou 12 degrés au deffous de l'horizon.

### PROBLÊME VI.

*Trouver le degré d'azimut & la hauteur d'une Etoile repréfentée fur la furface du Globe, pour un inftant & pour un lieu donnés.*

Placez, comme dans le Problême IV, le Globe à la hauteur du pole du lieu donné, le point de l'écliptique où eft le Soleil ce jour-là fous le méridien, & auffi l'aiguille

polaire ſur midi ; puis tournez le Globe
juſqu'à ce que l'aiguille polaire marque
l'heure donnée, pour laquelle on cherche
l'azimut & la hauteur ; alors approchant le
vertical mobile de l'endroit ou l'étoile eſt
marquée, on verra ſur l'horizon le degré d'a-
zimut demandé, & ſur le vertical mobile
le degré de la hauteur cherchée.

### P R O B L Ê M E  V I I.

*Trouver à quelle heure le Soleil ou une Etoile*
*ont un certain degré d'aʒimut ou de hauteur.*

Ce Problême eſt l'inverſe du précédent :
on placera comme ci-devant le Globe à la
hauteur du pole du lieu donné , le point de
l'écliptique où répond le Soleil ce jour-là ſous
le méridien immobile, & l'aiguille polaire ſur
midi ; puis,

1°. Si c'eſt l'azimut qui eſt donné, on mettra le vertical mobile ſur le degré de l'horizon
qui marque l'azimut & le lieu du Soleil ou
celui de l'Etoile ſous ce vertical. Dans ce
cas, l'aiguille marque l'heure qu'il eſt quand
le Soleil ou l'Etoile ont le degré donné d'azimut ; de plus, on trouvera auſſi ſur le vertical, la hauteur qui a lieu pour le même degré
d'azimut donné.

2°. Si c'eſt la hauteur qui eſt donnée, on
tournera le globe & le vertical juſqu'à ce
que l'aſtre donné co-incide avec le degré du
vertical qui marque la hauteur donnée ; dans
ce cas, l'aiguille marquera l'heure demandée,

& le vertical marquera fur l'horizon l'azimut
qui a lieu pour la même hauteur donnée.

C'eft par le moyen de l'azimut qu'on trouve
l'heure où un mur commence à être éclairé
ou finit de l'être à un jour donné, fi on con-
noît la déclinaifon ou autrement dit l'angle
que le mur fait avec la méridienne.

De plus, fi on fait faire au Globe Célefte
une révolution entiere, on verra quelles font
les Etoiles qui paffent par le zénith du lieu
donné ; ce font celles dont la déclinaifon eft
égale à la latitude géographique du pays où
l'on eft ; de même on verra auffi quelles font
les Etoiles qui ne fe couchent point ; ce font
celles qui font moins éloignées du pole, que
le pole ne l'eft de l'horizon.

### Problême VIII.

*Placer le Globe de maniere qu'il repréfente
l'état actuel ou la fituation des Cieux, pour
quelqu'endroit que ce foit, & pour un inftant
donné.*

Par le moyen d'une bouffole ou d'une
ligne méridienne, placez le Globe de maniere que le méridien immobile fe trouve
dans le plan du méridien terreftre ; élevez
le Globe à la hauteur du pole du lieu ;
portez fous le méridien le degré de l'écliptique où eft le Soleil ce jour-là, & mettez
l'aiguille polaire fur 12 heures : cette difpofition étant ainfi, tournez le Globe jufqu'à ce que l'aiguille polaire marque l'heure

( 24 )

donnée : alors le Globe Célefte repréfentera
l'état des Cieux pour le jour & l'heure
donnés.

## Problême IX.

*Connoître & diftinguer dans le Ciel les Etoiles*
*& les Planetes, par le moyen du Globe.*

1°. Ajuftez, comme il vient d'être dit
Problême VIII, le Globe à l'état actuel
du Ciel pour le temps donné.

2°. Cherchez fur le Globe quelque Etoile
qui vous foit connue, par exemple, celle
qui eft au milieu de la queue de la grande
ourfe.

3°. Obfervez les pofitions des autres Etoiles les plus remarquables de la même conftellation ; & en levant les yeux de deffus
le Globe vers le Ciel, vous n'aurez point
de peine à y remarquer ces Etoiles.

4°. De la même maniere vous pafferez
de cette conftellation à celle qui lui eft voi-
fine, & de proche en proche jufqu'à ce que
vous les connoiffiez toutes.

5°. Enfin, fi vous cherchez fur le Globe
Célefte le lieu où doit etre chaque Planete,
vous comparerez le lieu de fes Planetes avec
ceux des Etoiles qui les avoifinent, & que
vous connoiffez déjà : alors vous ferez à por-
tée de connoître les Planetes & les Etoiles
fixes avec la plus grande facilité.

Usage

# USAGE
## DU GLOBE TERRESTRE.

### PROBLÊME PREMIER.

*Trouver la longitude & la latitude d'un lieu donné.*

METTEZ le lieu donné sous le méridien ; & remarquez quel est le degré de l'équateur qui se trouve précisément sous le méridien ; car c'est le degré de la longitude, particulier au lieu donné ; & le degré du méridien qui répond exactement à cet endroit, est précisément sa latitude, qui est méridionale ou septentrionale, suivant que le lieu est au midi ou au nord de la ligne équinoxiale.

### PROBLÊME II.

*La longitude & la latitude d'un lieu étant données, trouver ce lieu sur le Globe.*

Ce Problême est l'inverse du précédent.
Placez le degré de longitude donné sous le méridien ; comptez sur le même méridien le degré de latitude donné, soit méridionale ou septentrionale : ce point sera le lieu demandé.

B

## PROBLÊME III.

*La latitude d'un lieu étant donnée, trouver tous les lieux qui ont la même latitude.*

Placez le lieu donné fous le méridien, fur lequel vous ferez une marque ; faites enfuite tourner le Globe ; tous les endroits qui pafferont fous cette marque, auront la même latitude que le lieu donné.

## PROBLÊME IV.

*Un inftant étant donné pour un lieu quelconque, trouver les endroits de la terre qui ont midi en même temps.*

Elevez le pole fuivant la latitude du lieu donné, mettez ce lieu fous le méridien, & placez l'aiguille polaire fur l'heure donnée ; tournez enfuite le Globe jufqu'à ce que l'aiguille dudit cadran foit fur XII heures d'en haut : cela fait, fixez le Globe dans cette fituation, & remarquez quels font les lieux placés exactement fous le même méridien ; tous les lieux qui s'y trouveront, font ceux qu'on cherche.

## PROBLÊME V.

*Connoître en tous temps la longueur du jour & de la nuit dans un endroit donné de la terre.*

Elevez le pole fuivant la latitude du lieu donné, cherchez le lieu de l'écliptique que le Soleil occupe dans ce temps, & placez-le à l'horizon du côté de l'orient ; mettez

l'aiguille polaire fur XII heures d'en haut ;
puis tournez le Globe jufqu'à ce que le même endroit de l'écliptique touche & rafe le
côté occidental de l'horizon, regardez fur
le cercle polaire le nombre d'heures que
l'aiguille marquera entre ce nombre XII ; &
c'eft celui où elle fe trouvera, qui eft la longueur du jour au temps defiré ; puis fon complément à 24 heures, fera la longueur de la
nuit.

## PROBLÊME VI.

*Trouver fur le Globe les Antæciens, les Pe-
riæciens, & les Antipodes d'un lieu donné.*

Mettez le lieu donné fous le méridien &
au zénith ; puis fçachant fa latitude ( Problême I ), comptez le même nombre de
degrés fur le méridien, vers le pole oppofé
au commencement de l'équateur, & remarquez l'endroit où vous finirez de compter ;
car c'eft celui des Antæciens de ce lieu.
Le lieu donné continuant toujours d'être
fous le méridien & au zénith, placez l'aiguille
polaire fur midi, & tournez le Globe jufqu'à ce que l'aiguille foit fur minuit, ou
fur XII heures d'en bas ; le lieu qui fe
trouvera alors fous le méridien & au zénith,
eft le lieu de fes Periæciens. Quant aux
Antipodes du lieu donné, le Globe étant
dans la première difpofition, comptez fur
le méridien depuis le lieu donné, c'eft-à-
dire, depuis le zénith, 180 degrés ; vous
trouverez que les Antipodes font au nadir.

## PROBLÊME VII.

*Trouver par le moyen du Globe, quelle heure il est dans quelqu'endroit du monde que ce soit, c'est-à-dire, dans un lieu donné, tandis qu'il est une certaine heure à l'endroit où on se trouve.*

Placez le lieu dans lequel vous êtes sous le méridien ; après avoir élevé le pole suivant la latitude de ce lieu, mettez l'aiguille polaire sur l'heure du jour qu'il est dans cet instant, puis tournez le Globe jusqu'à ce que le lieu donné soit sous le méridien ; pour lors l'aiguille polaire marquera l'heure qu'il est dans le lieu donné, quel qu'il puisse être.

## PROBLÊME VIII.

*Trouver l'heure du jour en tous temps lorsque le Soleil luit.*

Divisez le cercle équinoxial en 24 parties égales, & marquez par des chiffres les heures du jour naturel, de la maniere suivante : Placez le chiffre 6 aux intersections de l'écliptique & de l'équateur, puis mettez ces deux intersections sous le méridien, l'une dans l'hémisphere supérieur, & l'autre dans l'hémisphere inférieur ; cela fait, divisez la partie de l'équateur de l'hémisphere occidental en douze parties égales, & marquez les chiffres selon l'ordre suivant : 6, 7, 8, 9, 10, 11, 12, 1, 2, 3, 4, 5, 6 ; en-

fuite, commençant par le même chiffre 6,
& avançant vers l'orient, divifez l'hémifphere oriental en l'ordre fuivant : 6, 5,
4, 3, 2, 1, 12, 11, 10, 9, 8, 7, 6.
Après avoir ainfi divifé & marqué la ligne
équinoxiale, élevez le Globe fuivant la latitude du lieu où vous êtes ; mettez l'in-
terfection de l'équinoxe du printemps fous
la partie fupérieure du méridien, & placez
le Globe fuivant la direction réelle des
points cardinaux, foit par le moyen d'une
méridienne, ou d'une bouffole ; remarquez
enfuite la partie du Globe que le Soleil
éclaire : alors la derniere partie de l'hémifphere éclairé fait voir l'heure du jour fur la
ligne équinoxiale.

### PROBLÈME IX.

*Un lieu quelconque étant donné, tourner le*
   *Globe de maniere que le cercle de l'horizon*
   *foit auffi l'horizon de ce lieu.*

Mettez le lieu donné fous le méridien ;
puis tournez le méridien jufqu'à ce qu'il y
ait 90 degrés depuis ce lieu jufqu'à l'horizon ; il fe trouvera précifément être à l'horizon
du lieu donné.

### PROBLÈME X.

*Un lieu étant donné dans la zone torride,*
   *trouver les jours dans lefquels le Soleil y*
   *fera vertical.*

Mettez le lieu donné fous le méridien,

& retenez bien le degré de latitude qui se
trouve au deſſus ; faites tourner le Globe,
& remarquez les deux points de l'écliptique
qui paſſent par ce degré de latitude ; cherchez ſur l'horizon que's ſont les deux jours
où le Soleil paſſe par ces deux points de
l'écliptique : alors ces deux jours ſont ceux
qu'on cherche, & pendant leſquels le Soleil
eſt vertical au lieu donné.

On trouvera par ce Problême, que le Soleil eſt perpendiculaire ſur la ville de Goa
le 28 Avril & le 10 Août.

### Problême XI.

*Un lieu étant donné dans la zone froide ſep-
tentrionale, trouver combien de jours le Soleil doit luire conſtamment dans ce lieu, ſans
ſe coucher, & combien de jours il ſera ab-
ſent, ainſi que le premier & le dernier jour
qu'il doit paroître.*

Mettez le lieu donné ſous le méridien ;
& remarquant ſa latitude, vous éléverez le
Globe à cette latitude ; enſuite tournez le
Globe juſqu'à ce que le premier degré du
Cancer ſe rencontre ſous le méridien ; puis
comptez ſur ce cercle, de part & d'autre
de l'équateur, le même nombre de degrés
qu'en contient la diſtance de ce lieu au pôle,
& faiſant une marque aux endroits où le
compte finit, faites tourner le Globe, &
remarquez avec ſoin quels ſont les deux
degrés de l'écliptique qui paſſeront exacte-

ment fous les deux points marqués fur le méridien ; alors l'arc de cercle feptentrio-nal, c'eft-à-dire, celui qui eft compris entre les deux degrés marqués, étant réduit en temps, donnera le nombre de jours que le Soleil doit luire conftamment fur l'horizon du lieu donné, & l'arc oppofé de ce même cercle donnera le nombre de jours pendant lefquels il eft abfent. Le pole reftant à la même élévation, mettez le commencement du Cancer fur le méridien, & remarquez les deux degrés de l'écliptique qui dans le mêm temps fe rencontrent avec l'horizon, enfuite cherchez fur l'horizon les jours auxquels le Soleil entre dans ces degrés de l'écliptique ; & ce fera les jours auxquels le Soleil ceffe de paroître dans le lieu donné.

## Problême XII.
*Un lieu ou un jour étant donnés, trouver le lieu du Globe auquel le Soleil fera vertical à midi.*

Le lieu du Soleil dans l'écliptique étant trouvé pour le jour donné, mettez-le fous le méridien, & faites-y une marque, puis mettez le lieu donné à l'horizon ; remarquez exactement quelle partie du Globe fe trouve fous cette marque du méridien ; ce lieu eft celui qu'on cherche.

*Autrement.* Cherchez le parallele que le Soleil parcourt ce jour-là, cherchez auffi le méridien dans lequel il fe rencontre ; le

concours de ce méridien & de ce parallele
eſt le lieu qu'on cherche.

## Problême XIII.

*Connoître la longueur des plus longs & des
plus courts jours dans quelque lieu du monde
que ce ſoit.*

1°. Elevez le Globe ſuivant la latitude
du lieu donné ; 2°. mettez le premier degré du Cancer ( ſi c'eſt dans l'hémiſphere
ſeptentrional, & du Capricorne, ſi c'eſt dans
l'hémiſphere méridional ), au côté oriental
de l'horizon ; 3°. placez l'aiguille polaire
ſur midi ; 4°. tournez le Globe juſqu'à ce que
le même point touche le côté occidental de
l'horizon ; 5°. obſervez ſur le cercle horaire
le nombre d'heures que l'aiguille a parcouru :
c'eſt la longueur du plus long jour, dont le
complément, à 24 heures, eſt l'étendue de la
plus courte nuit. A l'égard du plus court
jour & de la plus longue nuit, ils ſont l'inverſe de ceux qu'on vient de trouver.

## Problême XIV.

*Connoître les climats d'un lieu donné quelconque
pour une latitude moindre que 67 degrés $\frac{1}{2}$.*

Trouvez la longueur du plus long jour
pour le lieu donné ( Problême précédent ) ;
du nombre d'heures que vous trouverez,
ôtez-en 12, & doublez le reſte ; vous aurez le climat du lieu que vous cherchez.
A l'égard des lieux dont la latitude eſt

plus grande que 67 degrés $\frac{1}{2}$ ; comme ce font des climats de mois, ayez recours à la Table que voici :

| Climats compris entre les Cercles polaires & les Poles. | | |
|---|---|---|
| Parallele de latitude. | Largeurdes Climats. | Mois ou Climats de Mois. |
| D.   M. | D.   M. | |
| 67. 30 | 1. 0 | 1 |
| 69. 30 | 2. 0 | 2 |
| 73. 20 | 3. 50 | 3 |
| 78. 20 | 5. 0 | 4 |
| 84. 0 | 5. 0 | 5 |
| 90. 0 | 6. 0 | 6 |

## PROBLÊME XV.

*Un certain nombre de jours étant donné, pourvu qu'ils ne paffent pas 182, trouver le parallele de latitude où le Soleil ne fe couche point durant ces jours.*

Prenez la moitié du nombre des jours donnés, & ( quel qu'il foit ), comptez autant de degrés fur l'écliptique, en commençant par le premier du Cancer ; puis faites une marque à l'endroit où le compte finit ( remarquez feulement que fi le nombre des jours furpaffe 30, alors votre nombre de degrés doit être moindre que celui d'un degré); mettez enfuite le point marqué de l'écliptique fous le mé-

B v

ridien , & remarquez combien il y a de degrés exactement compris entre ce point & le
pole. Alors ce nombre est égal au parallele
de latitude que l'on demande.

Si le parallele de latitude qu'on cherche
est méridional , l'opération sera la même ,
en se servant du signe du Capricorne au lieu
de celui du Cancer.

## Problême XVI.

*L'heure du jour étant donnée suivant notre ma-
niere de compter, trouver l'Heure Babylonienne
qu'il est dans un temps donné, c'est-à-dire,
combien il y a a'heures que le Soleil est levé.*

L'Heure Babylonienne est le nombre d'heures à compter depuis le lever du Soleil jusqu'à son lever suivant, parce qu'ancienne-
ment les Babyloniens comptoient ainsi ; pré-
sentement les habitans de Nuremberg comp-
tent encore de cette maniere.

Elevez le Globe suivant la latitude du lieu
donné, amenez sous le méridien le lieu de
l'écliptique que le Soleil occupe ce jour-là ,
& mettez l'aiguille polaire sur midi ; ensuite
faites tourner le Globe du côté de l'orient ou
du côté de l'occident, suivant l'heure donnée, devant ou après midi , jusqu'à ce que
l'aiguille indique l'heure donnée : après cela,
tenant le Globe dans cette position , faites re-
tourner l'aiguille en arriere jusqu'à midi , &
tournez le Globe d'orient en occident, jusqu'à
ce que le lieu du Soleil marqué sur l'éclipti-

que se rencontre au bord de l'horizon oriental : cela fait , comptez sur le cercle polaire
le nombre d'heures qui se trouve entre l'aiguille & midi ; ce sera le nombre des heures
depuis le Soleil levé pour ce jour-là dans le
lieu donné, ou l'Heure Babylonienne que l'on
cherche.

## Problême XVII.

*L'Heure Babylonienne étant donnée , trouver en
tout temps l'heure du jour , suivant notre maniere ordinaire de compter.*

Elevez le Globe à la latitude du lieu ; puis
ayant marqué le lieu du Soleil dans l'écliptique , placez-le sous le méridien , & mettez
l'aiguille polaire sur midi ; ensuite tournez le
Globe du côté de l'occident , jusqu'à ce que
l'aiguille indique l'heure donnée depuis le lever du Soleil ; & fixant le Globe dans cette
situation , remettez encore l'aiguille sur midi , & tournez le Globe en arriere jusqu'à ce
que le lieu du Soleil marqué dans l'écliptique
retourne sous le méridien : cela fait , observez
quelle heure l'aiguille polaire indique : cette
heure est celle qu'on cherche.

## Problême XVIII.

*L'heure du jour étant donnée suivant notre maniere
de compter , trouver l'Heure Italienne dans un
temps donné.*

Elevez le Globe à la latitude du lieu ; &
marquant le lieu que le Soleil occupe dans

l'écliptique le jour donné, placez-le à l'horizon, & mettez l'aiguille polaire fur midi ;
enfuite tournez le Globe du côté de l'orient,
ou du côté de l'occident, felon que l'heure
donnée eft avant ou après midi, jufqu'à ce
que l'aiguille marque l'heure donnée ; puis
fixant le Globe dans cette fituation, retournez l'aiguille en arriere jufqu'à midi : cela
fait, retournez le Globe du côté de l'occident, jufqu'à ce que la marque du lieu du Soleil dans l'écliptique fe rencontre au bord de
l'horizon occidental, & marquez pour lors
fur le cadran combien il y a d'heures entre
xii d'en haut & l'aiguille, en les comptant
du côté de l'orient, fuivant le mouvement
que vous avez fait faire au Globe. Alors ce
font les Heures Italiennes demandées, ou les
heures écoulées depuis le Soleil couché.

## Problême XIX.

*L'Heure Italienne étant donnée, trouver l'heure
du jour en tout temps, fuivant notre maniere
de compter.*

Ce Problême eft l'inverfe du précédent :
pour le réfoudre, élevez le Globe à la latitude donnée, puis marquant le lieu du Soleil
dans l'écliptique pour ce jour-là, placez-le
à l'horizon du côté de l'occident ; mettez l'aiguille polaire fur midi, tournez le Globe jufqu'à ce que l'aiguille foit tournée fur l'Heure
Italienne donnée ; enfuite fixant le Globe dans
cette pofition, remettez l'aiguille fur midi,

& tournez le Globe en arriere , jufqu'à ce que
la marque du lieu du Soleil revienne au méridien d'où elle eſt partie. Cela fait , remarquez
combien il y aura d'heures entre midi & l'aiguille , d'occident en orient ; dans ce cas , ce
ſont les heures que l'on cherche , ſçavoir celles de notre maniere de compter.

## PROBLÊME XX.

*L'heure du jour étant donnée , trouver l'Heure*
*Judaïque.*

Elevez le Globe ſuivant la latitude du lieu
donné , marquez le lieu de l'écliptique que le
Soleil occupe ce jour-là , mettez-le à l'horizon du côté de l'orient , & placez l'aiguille
polaire ſur midi ; tournez enſuite le Globe
juſqu'à ce que le lieu marqué dans l'écliptique
ſe trouve à l'horizon du côté de l'occident ;
dans ce cas , le nombre d'heures que marque
l'aiguille , eſt le nombre des heures dont le
jour eſt compoſé ; mettez ce nombre à part ,
& cherchez quelle eſt l'heure depuis le Soleil
levé qui répond à l'heure donnée , ou bien depuis le Soleil couché , ſi l'heure donnée eſt
après le coucher du Soleil : cela fait , dites ,
comme le nombre d'heures qui compoſe le
jour donné (ſçavoir celles qu'on a miſes à part)
eſt à douze , de même le nombre d'heures depuis le Soleil levé ( ſi c'eſt une heure du jour )
ou depuis le Soleil couché ( ſi c'eſt une heure
de la nuit ) , eſt à un quatrieme terme , qui
eſt le nombre que l'on cherche , ſçavoir l'Heure Judaïque dans le temps donné.

## Problême XXI.

*L'Heure Judaïque étant donnée, trouver l'heure du jour, suivant notre maniere de compter.*

Elevez le Globe suivant la latitude du lieu donné, cherchez le lieu du Soleil dans l'écliptique au temps donné, placez-le à l'horizon du côté de l'orient, & mettez l'aiguille polaire sur midi ; ensuite tournez le Globe du côté de l'occident, jusqu'à ce que le lieu du Soleil se rencontre avec l'horizon ; puis l'aiguille indiquera le nombre d'heures égales dont ce jour est composé ; mettez ce nombre à part, mettez ensuite le lieu du Soleil sous le méridien, & plaçant encore l'aiguille sur midi, tournez le Globe jusqu'à ce que le lieu du Soleil se rencontre dans l'horizon oriental ; & l'aiguille indiquera l'heure du lever du Soleil dans le lieu donné : cela fait, dites : comme 12 est au nombre donné d'Heures Judaïques, de même la longueur du jour en heures égales ( qui a été trouvée d'abord ), est à un quatrieme terme, qui est le nombre desiré, sçavoir l'heure du jour suivant notre maniere de compter : remarquez seulement que si le quatrieme terme est moindre que 12, on doit l'ajouter à l'heure du lever du Soleil ; & la somme donnera le nombre d'heures avant midi pour ce jour-là ; mais s'il passe 12, alors retranchant 12, le reste donnera l'heure du jour pour l'après-midi.

## PROBLÊME XXII.

*Un lieu étant donné fur le Globe, trouver les endroits qui ont la même heure du jour que celle qu'il eft dans le lieu donné, ainfi que les lieux qui ont les heures contraires, c'eft-à-dire minuit, tandis qu'il eft midi dans le lieu donné.*

Mettez le lieu donné fous le méridien, & remarquez quels font les lieux qui fe trouvent exactement fous le demi-cercle de ce méridien ; car les peuples qui les habitent, ont la même heure que celle que l'on compte dans le lieu donné : le Globe reftant dans la même pofition, placez l'aiguille polaire fur midi, tournez le Globe jufqu'à ce que l'aiguille marque minuit, & obfervez les lieux qui fe trouvent alors dans le même demi-cercle du méridien ; alors les habitans de ces lieux ont les heures contraires à celles du lieu donné.

## PROBLÊME XXIII.

*L'heure du jour étant donnée dans un lieu quelconque, trouver les endroits de la Terre où il eft midi ou minuit, ou quelqu'autre heure particuliere dans le même temps.*

Placez le lieu donné fous le méridien, & mettez l'aiguille polaire fur l'heure qu'il eft dans ce lieu ; enfuite tournez le Globe jufqu'à ce que l'aiguille foit fur midi, ou fur minuit, ou fur quelqu'autre heure particuliere demandée ; alors les lieux qui fe trouvent exactement fous le demi-cercle fupérieur

( 40 )

du méridien, font les peuples qui ont l'heure
requife à la méme heure donnée des lieux
donnés auffi.

## PROBLÊME XXIV.

*Le jour & l'heure étant donnés, trouver les
endroits de la terre auxquels le Soleil eft
vertical dans ce même temps.*

Le lieu du Soleil dans l'écliptique ayant
été trouvé pour le jour donné, & placé
fous le méridien, faites-y une marque; enfuite trouvez (Problême XXIII), les endroits de la terre dans le méridien defquels
le Soleil fe trouve dans cet inftant, & les
placez fous le méridien : cela fait, remarquez l'endroit de la terre qui fe rencontre
fous la marque que vous avez faite fur le
méridien : ce lieu eft celui où le Soleil eft
vertical dans ce méme moment.

## PROBLÊME XXV.

*Le jour & l'heure étant donnés, trouver fur
le Globe 1°. les endroits dans lefquels le
Soleil fe leve alors ; 2°. Ceux dans lefquels
il fe couche ; 3°. Ceux dans lefquels il eft
midi ; 4°. Enfin, ceux qui font actuelle-
ment éclairés, & ceux qui ne le font pas.*

Trouvez fur le Globe, par le Problême
précédent, le lieu auquel le Soleil eft vertical au temps donné, & le plaçant fous le
méridien, élevez le Globe fuivant la latitude de ce lieu. Le Globe étant fixé dans

cette pofition, remarquez, 1°. les lieux qui fe trouvent dans le demi-cercle ou horizon occidental, car ce font les lieux où le Soleil fe leve dans ce moment ; 2°. ceux qui fe trouvent dans le demi-cercle oriental, car le Soleil fe couche dans ces endroits ; 3°. ceux qui font exactement fous le méridien, car il y eft midi ; 4°. enfin, tous les lieux qui fe trouvent dans l'hémifphere fupérieur du Globe, font éclairés ; & ceux qui font dans l'hémifphere inférieur, font dans les ténebres, & privés dans ce moment de la lumiere du Soleil.

## PROBLÊME XXVI.

*Le jour & l'heure d'une éclipfe de Soleil ou de Lune étant connus, trouver par le Globe tous les endroits où elle fera vifible.*

Marquez fur l'écliptique le lieu dans lequel eft le Soleil pour le jour donné ; enfuite trouvez ( Problême XXIV ) le lieu du Globe auquel le Soleil eft vertical à l'heure indiquée, & placez le Globe de maniere que ce lieu foit comme il doit être au zénith ; puis fixant le Globe dans cette fituation, remarquez les lieux qui fe trouvent dans l'hémifphere fupérieur, car l'éclipfe de Soleil fera vifible dans la plupart de ces endroits, ou au moins le Soleil fur l'horizon.

A l'égard de l'éclipfe de Lune, il faut chercher ( Problême VI ) les antipodes du lieu qui a le Soleil vertical à l'heure donnée ; & les ayant placés au zénith , remarquez , comme ci-devant , les lieux qui fe trouvent dans l'hémifphere fupérieur du Globe : alors l'éclipfe de Lune fera vifible dans ces endroits ; & il n'y aura de doute que pour les peuples qui feront proche de l'horizon , ou immédiatement dans l'horizon même.

### PROBLÊME XXVII.
*Trouver la diftance d'un lieu à un autre.*

Prenez avec un compas la diftance de ces deux lieux , & portez cette ouverture de compas fur l'équateur ; puis comptez combien elle comprend de degrés ; le nombre de degrés que vous trouverez étant multiplié par foixante , donnera en milles , la diftance cherchée ; ou multiplié par vingt , donnera , en lieues d'une heure de chemin , la même diftance : par ce moyen , on trouve que la diftance de Paris à Ifpahan étant de 43 degrés , donne 2580 milles , ou 860 lieues d'une heure de chemin.

### PROBLÊME XXVIII.
*Un lieu étant donné fur le Globe , & fa diftance à un autre lieu , trouver tous les endroits de la Terre qui font également éloignés du lieu donné.*

Placez le lieu donné fous le méridien ; & élevez le pole fuivant la latitude de ce lieu ; enfuite fixez le quart de cercle mobile

( 43 )

au zénith, & comptez fur ce quart de cercle
la diftance donnée entre le premier & le fe-
cond lieu ; faites une marque à l'endroit où
le compte finit ; puis tournant ce quart de
cercle autour de la furface du Globe, tous
les lieux qui pafferont fous cette marque,
feront ceux que l'on cherche.

## PROBLÊME XXIX.

*La latitude de deux lieux étant donnée, &*
*la maniere dont ils font éloignés l'un de*
*l'autre, trouver la diftance qu'il y a entre*
*ces deux endroits.*

Suppofez que le premier méridien foit
le véritable méridien de l'un des deux endroits donnés, & particuliérement celui
dont l'éloignement eft inconnu ; marquez
la latitude fur le méridien ; enfuite élevez
le Globe à la latitude de l'autre lieu, &
fixant le quart de cercle mobile fur le zénith, étendez-le jufqu'au point donné de
l'horizon, & tournez le Globe jufqu'à ce
que le point marqué fur ce méridien rencontre le quart de cercle. Cela fait, comptez fur ce quart de cercle le nombre de
degrés qu'il y a entre ce point marqué fur
le premier méridien & le point vertical :
ces degrés étant convertis en lieues ou en
milles, donneront la diftance que l'on cherche.

# Problême XXX.

*La longitude de deux lieux étant donnée, ainsi que la latitude de l'un d'eux, & son éloignement de l'autre, trouver la distance qui est entre eux.*

Supposez que le premier méridien soit le véritable méridien du lieu dont la latitude est inconnue, comptez depuis ce méridien, sur l'équateur, un nombre de degrés égal à la différence de longitude des deux lieux, & faites une marque à l'endroit où le compte finit; placez-la sous le méridien qui représente le méridien du second lieu, comptez sur ce méridien les degrés de latitude donnés ; fixez le Globe dans cette situation, & élevez-le suivant cette latitude ; appliquez le quart de cercle mobile sur le zénith, en étendant son autre extrémité jusqu'au point donné de l'horizon. Le Globe restant dans cette position, observez le point de la surface où le quart de cercle coupe le premier méridien : ce point représente le second lieu ; & cet arc du quart de cercle qui est entre ce point & le zénith, étant converti en lieues ou en milles, donnera la distance demandée.

*Ceux à qui ce nombre de Problêmes ne suffira pas, pourront consulter la Géographie générale de Varenius, dont nous avons tiré la plupart des Problêmes que nous venons de donner.*

# TABLE DES MATIERES.

pourvu qu'il ne paſſe pas 182, trouver le parallele de latitude où le Soleil ne ſe couche
point durant ces jours,

*Fin de la Table des Matieres.*

TABLE

# TABLE

DES

## *LONGITUDES* ET *LATITUDES*
### *des principaux Lieux de la Terre.*

La Lettre *S* indique une Latitude Septentrionale;
la Lettre *M* une Méridionale.

| Noms des Lieux. | Longit. D. M. | | Latit. D. M. | |
|---|---|---|---|---|
| ALBO, en Finlande, | 39 | 52 | 60 | 27 S. |
| Agra, dans le Mogol, | 94 | 24 | 26 | 43 |
| Aix, en Provence, | 23 | 7 | 43 | 32 |
| Alep, en Syrie, | 55 | 0 | 35 | 45 |
| Alexandrie, en Egypte, | 47 | 57 | 31 | 11 |
| Alger, | 19 | 53 | 36 | 50 |
| Amſterdam, | 22 | 39 | 52 | 23 |
| Ancone, | 31 | 11 | 43 | 38 |
| Archangel, en Ruſſie, | 56 | 35 | 64 | 34 |
| Avignon, | 22 | 29 | 43 | 57 |
| Auxerre, | 21 | 14 | 47 | 48 |
| Baſle, en Suiſſe, | 25 | 15 | 47 | 55 |
| Bayeux, | 15 | 57 | 49 | 17 |
| Bayonne, | 16 | 10 | 43 | 29 |
| Berlin, | 31 | 6 | 52 | 32 |
| Beziers, | 20 | 53 | 43 | 20 |
| Bologne, en Italie, | 29 | 1 | 44 | 30 |
| Bordeaux, | 17 | 5 | 44 | 50 |
| Bourg-en-Breſſe, | 22 | 54 | 46 | 13 |
| Breſt, | 13 | 9 | 48 | 23 |
| Buénos-Aires, au Breſil, | 319 | 9 | 34 | 35 M. |
| Cadix, en Eſpagne, | 11 | 26 | 36 | 31 S. |

| Noms des Lieux. | Longit. D. M. | | Latit. D. M. | |
|---|---|---|---|---|
| Caën, | 17 | 18 | 49 | 11 |
| Cajanebourg, en Suede, | 45 | 25 | 64 | 14 |
| Le Caire, en Egypte, | 49 | 10 | 30 | 3 |
| Calais, | 19 | 31 | 50 | 58 |
| Cap de Bonne-Espérance, | 36 | 4 | 33 | 55 M. |
| Cap François, en Amérique, | 305 | 1 | 19 | 47 S |
| Cap Vert, | 0 | 30 | 14 | 43 |
| Cartagene, en Amérique, | 302 | 14 | 10 | 27 |
| La Conception, en Amérique, | 305 | 0 | 36 | 43 M. |
| Constantinople, à Pera, | 46 | 36 | 41 | 1 S. |
| Copenhague, | 30 | 25 | 55 | 41 |
| Cremsmunster, en Baviere, | 31 | 48 | 48 | 4 |
| Dantzic, | 36 | 11 | 54 | 22 |
| Edimbourg, en Ecosse, | 14 | 35 | 55 | 58 |
| Florence, | 28 | 42 | 43 | 47 |
| Francfort sur le Mein, | 26 | 15 | 50 | 6 |
| Geneve, | 24 | 15 | 46 | 12 |
| Gothebourg, en Suede, | 20 | 19 | 57 | 42 |
| Gottingen, | 27 | 34 | 51 | 32 |
| Gratz, en Stirie, | 33 | 4 | 47 | 4 |
| Greenwich, | 17 | 41 | 51 | 29 |
| Gripswald, en Poméranie, | 31 | 17 | 54 | 16 |
| Jerusalem, | 53 | 0 | 31 | 50 |
| Ingolstadt, | 29 | 2 | 48 | 46 |
| Isle de Bourbon, à | | | | |

| Noms des Lieux. | Longit. D. M. | | Latit. D. M. | |
|---|---|---|---|---|
| Saint-Denis, | 73 | 10 | 20 | 52 *M.* |
| Isle de Fer, au Bourg, | 0 | 6 | 27 | 47 *S.* |
| Isle de France, au Port Louis, | 75 | 8 | 20 | 10 *M.* |
| Ispahan, en Perse, | 70 | 30 | 32 | 25 *S.* |
| Kebec, au Canada, | 307 | 47 | 46 | 55 |
| Leipsick, | 30 | 0 | 51 | 19 |
| Leyde, | 22 | 6 | 52 | 9 |
| Lisbone, à l'Oratoire, | 8 | 31 | 38 | 42 |
| Londres, à S. Paul, | 17 | 35 | 51 | 31 |
| Lunden, en Scanie, | 31 | 1 | 55 | 42 |
| Lyon, | 22 | 30 | 45 | 46 |
| Macao, en Chine, | 131 | 26 | 22 | 13 |
| Madrid, | 14 | 14 | 40 | 25 |
| Malaca, aux Indes, | 119 | 45 | 2 | 12 |
| Manille, aux Indes, | 138 | 0 | 14 | 30 |
| Marseille, | 23 | 2 | 43 | 18 |
| La Martinique, Cul-de-sac Robert, | 316 | 41 | 14 | 43 |
| Mexico, en Amérique, | 274 | 0 | 20 | 0 |
| Milan, à Brera, | 26 | 50 | 45 | 28 |
| Montpellier, à l'Observatoire, | 21 | 33 | 43 | 37 |
| Naples, au College Royal, | 31 | 52 | 40 | 50 |
| Nuremberg, | 28 | 44 | 49 | 27 |
| Orléans, | 19 | 34 | 47 | 54 |
| Oxfort, Theatrum, | 16 | 25 | 51 | 45 |
| Padoue, | 29 | 36 | 45 | 22 |
| Paris, à l'Observatoire, | 20 | 0 | 48 | 50 |
| Pékin, à l'Observatoire Impérial, | 134 | 9 | 39 | 54 |
| Saint-Petersbourg, | 48 | 0 | 59 | 56 |

| Noms des Lieux. | Longit. D. M. | | Latit. D. M. | |
|---|---|---|---|---|
| Pondichery , aux Indes , | 97 | 37 | 11 | 57 |
| Portobello , en Amérique , | 297 | 50 | 9 | 33 |
| Quanton , en Chine , | 130 | 43 | 23 | 8 |
| Quito , au Perou , | 299 | 45 | 0 | 13 |
| Rio-Janeiro , | 334 | 55 | 22 | 54 M. |
| Rome , à S. Pierre , | 30 | 9 | 41 | 54 S. |
| Rouen , | 18 | 45 | 49 | 27 |
| Schwezingen, dans le Palatinat , | 26 | 19 | 49 | 23 |
| Sens , | 20 | 57 | 48 | 12 |
| Siam , aux Indes , | 118 | 30 | 14 | 18 |
| Stokolm , | 35 | 43 | 59 | 21 |
| Tobolsk , en Siberie , | 186 | 5 | 58 | 13 |
| Tornea , en Suede , | 41 | 53 | 65 | 51 |
| Toulon , | 23 | 37 | 43 | 7 |
| Toulouse , | 19 | 6 | 43 | 36 |
| Turin , Piazza Castello , | 25 | 20 | 45 | 4 |
| Tyrnaw, en Hongrie, | 35 | 14 | 48 | 24 |
| Varsovie,en Pologne, | 38 | 45 | 52 | 14 |
| Venise, | 29 | 45 | 45 | 25 |
| Versailles, | 19 | 47 | 48 | 48 |
| Vienne , à l'Observatoire Impérial , | 34 | 2 | 48 | 13 |
| Upsal , | 35 | 25 | 59 | 52 |
| Uranibourg , en Danemarck , | 30 | 33 | 55 | 54 |
| Wilna , en Pologne , | 43 | 7 | 54 | 41 |
| Wirtemberg, en Saxe, | 30 | 14 | 51 | 43 |
| Vartsbourg, en Franconie , | 27 | 54 | 49 | 46 |

# CATALOGUE

## DU FONDS

## *DU Sr LATTRÉ,*

Graveur ordinaire DU ROI, de Mgr. LE DUC D'ORLÉANS, & de LA VILLE.

*Rue Saint-Jacques, la Porte cochere presque vis-à-vis la rue de la Parcheminerie, à la Ville de Bordeaux.*

## *ATLAS.*

L'ATLAS moderne, complet, *petit in-fol.* de 78 Feuilles, fait pour la Géographie moderne de feu M. l'Abbé *Nicole de la Croix*, annoncé dans les Volumes de ladite Géographie : demi-reliure,   42 liv.
relié en veau,           46 l.
papier fin, lavé à la Hollandoise, relié,       60 l.
Les deux Parties se vendent séparément, sçavoir, la premiere, par plusieurs Auteurs, contenant 40 Feuilles, rélié en carton,       20 l.
La seconde, par M. *Bonne*, Géographe ordinaire du Roi, contenant 46 Feuilles, en carton,       22 l. 10 s.

*ATLAS grand in-fol.* de différens Prix.

Les Révolutions de l'Univers, offrant les Divisions politiques des différentes Ré-

A

gions de la furface de la Terre, analogues aux principales époques de l'Hiftoire générale du Monde, depuis la Difperfion des Enfans de Noé jufqu'à la réunion de la Lorraine à la France fous le Regne de LOUIS XV, *le Bien-aimé*. Ces Révolutions font divifées en 30 Intervalles, & repréfentées dans 60 Cartes Géographiques d'une Feuille, accompagnée chacune d'Obfervations relatives à chaque Carte ; relié en carton,      36 l.

## *ATLAS portatifs.*

Atlas ou Etrennes Géographiques, contenant la Mappemonde, les quatre Parties, & les différens Etats d'Europe, avec un Traité de la Sphère, par M. *Rizzi Zannoni* ; relié en maroquin,    12 l.
relié en veau,      10 l.
Atlas Topographique des Environs de Paris, dédié & préfenté au Roi ; lavé & relié en maroquin,      10 l. 4 f.
relié en veau,      6 l.
collé en taffetas & lavé avec étui,    9 l.
collé en toile, lavé avec étui,    8 l.
Atlas ou petit Tableau de la France, ou Cartes Géographiques fur toutes les parties de ce Royaume, avec les Routes, accompagné d'une Defcription, par M. *Bonne* ; relié en maroquin,    12 l.
relié en veau,    10 l.
Atlas Maritime des Côtes de France avec les Plans des principales Villes de ce Royaume, & une Defcription hiftorique de chacune de ces Villes, par M. *Bonne* ; dédié & préfenté au Roi ; lavé en plein, avec Paris & Verfailles ; rel. en mar. 21 l.
& relié en veau,      10 l.

[ 3 ]

Atlas Géographique & Militaire , ou Théâtre de la Guerre en Allemagne , ou sont
marqués les Marches & Campemens des
Armées, depuis 1756 jusqu'à la Paix, avec
un Journal, par M. *Rizzi Zannoni* ; relié
en maroquin ,                            7 l.
relié en veau ,                          6 l.

## C A R T E S *d'une Feuille.*

Mappemonde ,                             1 l.
Europe ,                                 1 l.
Asie ,                                   1 l.
Afrique ,                                1 l.
Amérique ,                               1 l.
France ,                                 1 l.
Allemagne ,                              1 l.
Espagne & Portugal ,                     1 l.
Italie ,                                 1 l.
Angleterre , Ecosse & Irlande ,          1 l.
Hongrie ,                                1 l.
Pologne & Prusse ,                       1 l.
Suède & Dannemarck ,                     1 l.
Hollande ,                               1 l.
Flandre ,                                1 l.
Isle de France ,                         1 l.
Turquie d'Europe ,                       1 l.
Royaume de Portugal ,            1 l. 5 f.
Suisse ,                                 1 l.
Russie ,                         1 l. 5 f.
Canada ,                         1 l. 5 f.
Guinée ,                         1 l. 5 f.
Isle de Corse ,                          1 l.
La Province du Rouergue ,                1 l.
Passage de Vénus sur le disque du Soleil , de
   l'année 1769 , avec un Mémoire par M.
   *de la Lande*, de l'Académie Royale des
   Sciences ,                            3 l.
Autre Mémoire publié en 1772 , contenant

A 2

les réfultats de toutes les Obfervations relatives à ce Paffage.

Eclipfe du premier Avril 1764 , par M.
*Lepaute* ,                                    3 l.

Les Phafes de la même Eclipfe,      1 l. 4 f.

Les Phafes de l'Eclipfe de 1724 , par M. *de
l'Ifle* ,                                    1 l. 4 f.

L'Ifle de France dans la Mer des Indes, levée géométriquement par M. l'Abbé *de la
Caille* , de l'Académie Royale des Sciences ,                                    1 l. 4 f.

Carte réduite de la Mer Méditerranée , avec
un Mémoire , par M. *Bonne* ,      2 l.

Le petit Neptune Anglois , avec un Mémoire , par le même ,                    2 l.

Carte de Belle-Ifle , levée par M. *Paris* , Ingénieur du Roi ,                      1 l. 4 f.

Mappemonde projettée fur l'Horifon de
quarante-cinq degrés de latitude , ayant
pour diametre du Sud au Nord le Méridien de Paris , par M. *Boulanger* , Ingénieur du Roi ,                            1 l. 4 f.

Mappemonde Géo-Sphérique , pour fervir
d'introduction à la Géographie , l'Hydro-
graphie & la Sphère armilliaire , dédiée &
préfentée au Roi , par M *de Vezou*, 1 l. 4 f.

Tableau Hiftorique & Géographique de la
Mappemonde ,                        1 l. 5 f.
de l'Europe ,                            1 l. 4 f.
de la France ,                            1 l. 4 f.

Route de Paris à Compiegne , fept Feuilles,
colorées ,                                3 l.

Route de Paris à Fontainebleau , fix F.  3 l.

Defcription de la Ville de Pekin , avec fix
Plans gravés par les foins de MM. *de l'Ifle
& Pingré* , de l'Académie Royale des
Sciences ,                                4 l.

Carte de la Babilonie , ouvrage pofthume
de M. *Guill. de l'Ifle* , premier Géographe
du Roi ;

[ 5 ]

Carte des Dix Milles, par le même, avec
Mémoire pour les deux,                2 l. 10 f.
Terre Sainte ou Palestine, ouvrage posthume
du même,                              1 l. 5 f.
Carte de la Syrie, ouvrage posthume du
même ;
Carte pour servir à l'Histoire des Croisades &
à la connoissance particuliere du Royaume
de Jérusalem, ouvrage posthume du même ;
Carte du Paradis Terrestre, ouvrage posth.
du même, avec un Mémoire pour ces trois
Cartes,                                  4 l.
Carte générale de la Géorgie & de l'Armé-
nie, dressée à Petersbourg, d'après les Cartes, Mémoires, Mesures & Observations
des gens du pays ; par M. *Joseph-Nicolas
de l'Isle*, Professeur Royal, premier Astro-
nome Géographe de la Marine ; avec
Mémoire,                              2 l. 10 f.

### *GLOBES et SPHERES,*
*donnés en 1775.*

Globe Céleste d'un pied de diamètre, par
M. *de la Lande*, de l'Académie Royale
des Sciences de Paris, de la Société Royale
de Londres, de celle de Berlin, &c. &c.,
calculé pour l'année 1800. Nous n'a-
vons rien à dire sur cet Ouvrage : le nom
de l'Auteur est assez connu.
Le Globe Terrestre, même diamètre, par
M. *Bonne*, Géographe ordinaire du Roi,
bien connu par plusieurs bons Ouvrages.
Ces deux Globes se vendront ensemble ou
séparément, ainsi que les Sphères de Pto-
lémée & Copernic, 60 liv. piece, & plus,
suivant les montures.
Les mêmes, réduits à 8 pouces, & les deux
Sphères, 12 liv. piece.

A 3

[ 6 ]

Les mêmes, réduits à 6 pouces, avec les deux
Spheres, 8 liv. piece.

*C A R T E S de deux Feuilles.*

Mappemonde,                                    2 l.
Europe,                                        2 l.
Afie,                                          2 l.
Afrique,      } *prêtes à paroître.*
Amérique,
France,                                        2 l.
Normandie,                                     2 l.
L'Inde,                                    2 l. 10 f.
Royaume de Naples, levé par ordre du Roi,
    par M. *Rizzi Zannoni* ; 4 F. d'aigle, 10 l.
Carte Topographique du Comté Nantois, 3 l.
Carte du Diocèfe de Lyon, 2 Feuilles,    4 l.
Théâtre de la Guerre entre les Polonois, les
    Ruffes & les Turcs, en neuf moyennes
    Feuilles.

*P L A N S.*

Nouveau Plan de Paris, d'une Feuille ; dé-
    dié à M. Bignon, Prévôt des Marchands.
    Ce Plan ne fe vend que lavé & fur papier
    d'Hollande ; en feuilles,              6 l.
    collé fur taffetas pour la poche, avec
    étui,                                  10 l.
    monté fous verre, depuis 15 jufqu'à 48 l.
    Son Pendant, les Environs de Paris,
                                        même prix.
Nouv. Plan Routier de Paris, en feuille, 1 l.
    collé fur toile pour la poche,    2 l. 10 f.
Petit Plan de Paris fous verre, en Bordure
    dorée,                                 4 l.
Plan ancien de Paris, en fix Feuilles, orné
    d'Edifices autour, avec les Noms, les Ar-
    mes & l'Année de Réception de MM. les

## [ 7 ]

Prévôts des Marchands , depuis 1407 jufq.
1772 , dédié à M. *de la Michaudiere* ,  1 l.
Plan de Verfailles,                     1 l. 16 f.
Plan de Bordeaux , deux Feuilles , avec des
   Edifices autour,                     6 l.
Plan de Bordeaux , une Feuille,         3 l.
Plan de l'état ancien de Bordeaux , où l'on
   voit fes différens accroiffemens ,   3 l.
Vue de la Porte & Place Bourgogne de Bor-
   deaux du côté du Port ,              1 l. 10 f.
Vue des Promenades de Bordeaux du côté
   du Port ,                            1 l. 10 f.
Plan de Dijon ,                         9 l.
Plan de Nantes , quatre Feuilles ,      8 l.
Plan de l'Ifle de Malte , une Feuille , & de
   l'Ifle de Goze , demi-Feuille ,      4 l. 10 f.
Plan de la Cité neuve de Chambrai ,     2 l.
Plan de la Ville Capitale de Malte ,    3 l.
Plan de la Ville & du Port de Bofton , Capi-
   tale de la Nouvelle-Angleterre ,
*Idem* , une petite Carte des Environs de
   Bofton , 1775 , deux Feuilles ,      2 l. 8 f.
Plan de la Ville de Gibraltar , d'après un
   deffein de l'Ingénieur *de la Place* ; une
   Feuille ,                            1 l. 4. f.
Plan du Détroit de Gibraltar , une Feuille,
                                        1 l 4 f.
Plan de la Baye de Gibraltar , une Feuille,
                                        1 l. 4 f.
Deux Vues perfpectives de Gibraltar ,   2 l.
Plan de Mofcou , 1773 ,                 2 l.
Plan général de la Ville de Rheims , par M.
   *Le Gendre* , Ecuyer , Infpecteur-général
   des Ponts & Chauffées ; orné des Monu-
   mens de cette Ville tant anciens que mo-
   dernes , quatre Feuilles d'aigle ,   9 l.
*Idem* en petit & lavé ,                1 l. 16 l.
Plan de Lyon avec des Edifices autour , 6 l.
Plan de Touloufe ,                      1 l. 5 f.

## ICONOLOGIE.

Premiere Suite , les *Arts* , deffinés par M.
*Gravelot* , dédiée à M. le Marquis de
Marigny ; reliée en maroquin , 7 l. 4 f.
brochée , 5 l.
Deuxieme Suite , les *Sciences* , id.
Troifieme Suite , les *Vertus* , id.
Quatrieme Suite , les *Eftres Métaphyfiques* , id.
Cinquieme Suite , les *Mufes* , id.
Sixieme Suite , *les Elémens* , id.
Septieme Suite , les *XII Mois* , id.
Huitieme Suite , l'*Homme* , id.
Neuvieme Suite , *Eftres Moraux* , id.
Dixieme Suite , feconde Partie , les *Scien-
ces* ; par M. *Cochin* ,
Onzieme Suite , par M. *Cochin* ,
Douzieme Suite , par M. *Cochin* ; an. 1776.

## ECRANS *nouveaux.*

Six beaux Ecrans de la Partie de Chaffe
d'Henri IV , deffinés par M. *Gravelot* ;
& gravés par les mêmes de l'Iconologie,
avec bordures, par M. *Choffard* ; 8 l. piece.
Six Ecrans des plus jolies Fables de M. l'Abbé
*Aubert* , deffinés avec intelligence & pro-
prement exécutés , avec la Fable gravée
fur le revers ; colorés en plein , 2 l. piece.
Douze Ecrans Géographiques & Elémentai-
res , contenant la Mappemonde & les
quatre Parties , avec les Royaumes d'Europe ; montés , 1 l. 4 f. piece.
Six Ecrans choifis , fur de beaux fujets de
l'Hiftoire de France ; d'un côté eft le

fujet', d'une belle compofition & bien gra-
vé ; de l'autre eft l'Abrégé de l'Hiftoire.
Ces Ecrans font annoncés fous le titre
des *Héroïnes Françoifes.* On en trouvera
de montés avec des Bois ordinaires & très-
bien colorés en plein , à 2 l. 10 f. piece ;
les fix ,                                15 l.
Six Ecrans fous les agrémens d'une ingé-
nieufe fiction : on y a repréfenté dans des
Cartes Géographiques qu'on peut appeller
morales, les Vertus & les Vices des principaux états de la vie; ils font très-propres
à infpirer l'amour de la vertu ; montés ,
                                1 l. 4 f.
Six autres , deffinés par *F. Boucher* , &
gravés par M. *Ingram ;* bordures de M.
  *Choffard* ,                                2 l.
Six autres Sujets du même , 1 l. 10 f. piece.
Six Ecrans de Fleurs,         12 f. piece.

*E C R A N S Allégoriques & Hiftoriques.*

Les douze Mois de l'Année , très-propre-
  ment gravés , repréfentés par des Figures
  allégoriques, avec des explications hiftoriques & chronologiques.
Dix autres , repréfentant les quatre Parties
  du Monde & les principaux Etats de
  l'Europe.
Douze , qui repréfentent la Foi , l'Efpé-
  rance , la Charité , la Pénitence , l'Hu-
  milité , l'Obéiffance , la Morale , l'Equi-
  té , la Vertu , la Sageffe , la Chafteté &
  l'Idolatrie.
Douze , qui repréfentent la Jeuneffe , la
  Folie, le Plaifir , l'Inconftance , la Fidélité , la Juft ce , l'Allégreffe , la Santé,
  la Sûreté , la Haine , la Vengeance , la
  Médifance : le tout à 12 f. piece.
  Et beaucoup d'autres à différens Prix.

## PORTRAITS.

Nota ] *Tous ces Portraits peuvent entrer dans les volumes* in-8. *&* in-12.; *& ceux dont les Prix ne font pas marqués font de* 10 *fols.*

Henri IV,                                        1 l. 4 f.
Sully.
Richelieu.
C. Perrault.
Cardinal de Berulle.
Sponde, Evéque de Pamiers.
Marca, Evéque de Paris.
Camus, Evêque de Belley.
Godeau, Evêque de Vence.
Senault, de l'Oratoire.
Sirmond, Jéfuite.
Petau, Jéfuite.
L. de Bourbon, Prince de Condé.
Turennne,
Pagan.
Pope,
Defcartes,
Galilée,
Newton,                                        } 1 l. 4 f.
Hallei,
M. de la Lande, de l'Ac. des Sc.
Gaffendi.
Cl. Perrault.
Moliere.
du Perron, Card.
d'Offat, Card.
Coeffeteau, Evêque.
Vincent de Paul.
Delaunay, Docteur de N.
Lalemant, de Ste-Genevieve.
le Nain de Tillemont.

Santeuil.
Viguier, de l'Oratoire.
Combefis, Ordre de S. Dominique.
Merfene, Minime.
Montmorency, Duc de Luxembourg.
Gaffion, Maréchal de France.
Fabert, Maréchal de France.
Duquefne, Lieutenant-Général des Armées
    navales.
Arnault, Docteur de Sorbonne.
Pafcal,                   1 l. 4 f.

On trouve auffi tous les Portraits gravés
    par M. *Ficquet.*         3 l. piece.

Une Suite de fix Feuilles Chinoifes, par
    *F. Boucher,*          2 l. 10 f.
Une Suite plus petite, du même, de fix
    Feuilles,            1 l. 4 f.
Une Suite de Figures Françoifes, par le mê-
    me, fix Feuilles,      2 l. 10 f.
Une Suite idem, plus petite,    1 l. 4 f.
Une Suite de dix Feuilles, de Fleurs, 1 l. 4 f.

De très-belles Feuilles propres à faire des
    Paravents, bien enluminées, d'après
        *Boucher.*

## GÉNÉALOGIES.

Tableau Généalogique des trois Races des
    Rois de France, avec toutes les Branches
    qui font forties de la troifieme par degrés
    de parenté & en ligne afcendante,   6 l.
Arbre Généalogique de JESUS - CHRIST;
    quatre Feuilles en blanc,     2 l.
    coloré,                  3 l.
Généalogie & Chronologie des Rois d'An-
    gleterre; deux Feuilles,    1 l. 10 f.